設計者のための
めっき設計仕様書の
書き方

星野 芳明【著】

日刊工業新聞社

はじめに

　その時代、時代に求められる製品を造り出すことは、セットメーカーや部品メーカーの大きな役割である。部品設計を行い求める製品に組み付け、ある機能特性をだそうとする場合、どのような素材をどのような成形加工で造り出すかを十分検討しながら設計者は設計品質を図面上に描かなければならない。

　古き時代、求める機能特性の一つとして、装飾性、美観性を付与するために水銀（Hg）に金（Au）を溶かし込んだ（滅金）ペースト状のもの（アマルガム）を造形品に塗布して、それを加熱し水銀を蒸発させると金の被覆ができる（鍍金）乾式めっき加工を用いた。江戸時代には、薩摩藩藩主の島津斉彬が伝来した「湿式電気めっき法」を利用して兜や刀剣の飾りとして装飾めっきを最初に行ったと言われ、めっき加工という要素技術を設計者が活用するようになった。

　しかし、薄いめっき膜厚では装飾性を具備することはできても「めっきが剥げた」ということがおこり、「悪いもの」「偽物」の代名詞にもなってしまった。その後、例えば安価な錆やすい鉄素材で部品を造り、防食・防錆を高め製品の耐久性を向上させる目的から厚膜型のめっき加工技術が大きな役割を果たし、JIS規格（ISO国際規格対応）として標準化された。

　21世紀の現在、めっき加工を必要とする部品設計において、めっき加工という要素技術は機能特性の創出という面で大きな役割を持つに至り、これからの日本の製造業が目指さなければならない魅力的なデザインと機能性の複合化、すなわちデザイン・ドリブン・イノベーション（Design Driven Innovation）という概念に基づく"機能めっき"というべき機能性とデザインを複合しためっきを必要とする部品設計が求められる。そのためには各種単一金属のめっき皮膜なのか、あるいは合金めっき皮膜なのか、それぞれめっき浴種も酸性タイプ、アルカリ性タイプ、あるいは中性付近のタイプなどの選定により求めようとする機能特性とデザインに違いが生じ、適切な選定と指示表記が必要になる。

現状およびこれからのめっき加工が必要とするデザインの探求は、①趣向性の探求、②設計の探求、③成形加工およびめっき加工時の探求など多岐にわたるが、特に③の探求が重要で、新製品開発の設計全体に関わる大きな影響力を持っていると考える。

　そのためにはめっき加工を必要とする部品設計におけるめっき仕様の適切な指示表記が必要で「めっき設計仕様書」の作成が重要になってくる。この本の役割がここにある。

2017年3月

　　　　　　　　　　　　　　　　　　　　　　　　　　　　　星野　芳明

設計者のためのめっき設計仕様書の書き方

目　次

はじめに　　1

第1章　めっきを必要とする部品設計における「めっき仕様」の問題点　　7

1　めっき設計仕様書作成の衰退 ……………………………… 8
2　設計品質と製造品質が機能品質をつくる ………………… 11
3　セットメーカー社内規格に基づく
　　「めっき設計仕様書の作成」と認定制度の時代 …………… 16
4　JIS 規格にないめっき仕様が増加している現状 ………… 19

第2章　設計者のための基礎知識（その1）めっきの役割と機能　　23

1　めっき加工技術とめっき皮膜の密着性 ………………… 25
2　めっき加工技術による外観・色調（光沢性、耐変色性）…… 43
3　めっき加工技術による耐食性（防錆、防食）…………… 53
4　各種機能特性に適しためっき種 ………………………… 71

第3章 設計者のための基礎知識（その2） 表面処理と成形加工　83

1 めっきとは ……………………………………………………… 84
2 各種表面処理法 ………………………………………………… 85
3 めっき加工用素材の質 ………………………………………… 101
4 表面粗さの調整方法 …………………………………………… 119
5 ２次成形加工品の素材洗浄方法 ……………………………… 126
6 各種素材の理想的な前処理工程例 …………………………… 150

第4章 めっきを必要とする部品設計における めっき設計仕様書の作成法　157

1 めっき品質確保のための部品設計図面への
　表面性状（粗さ）表示の必要性 …………………………… 158
2 めっき品質確保のための部品設計図面への
　表面調整表示の必要性 ……………………………………… 163
3 めっき品質確保のためのその他の設計留意点 …………… 165
4 JIS 規格によるめっき仕様表示の活用事例 ……………… 166
5 JIS 規格によるめっき仕様表示の正しい活用 …………… 168
6 国際競争下でのもの作りにおけるめっき設計仕様書の重要性 … 172

第5章 各種めっき関連分野で定める表面処理仕様書への表示記号

1 ジュエリー及び貴金属製品の素材および
  めっき仕様の表示方法·················· 184
2 真空めっき加工におけるめっき仕様の表示方法 ·············· 186
3 アルミニウムおよびアルミニウム合金の
  陽極酸化皮膜仕様の表示方法·················· 187

おわりに　195

第 1 章

めっきを必要とする部品設計における「めっき仕様」の問題点

めっき設計仕様書作成の衰退

　日本の製造業（セットメーカー）は品質の良い製品を多量に作ることで売価を下げる"もの作り"（made in Japan）で経済成長を実現してきた。しかし、20世紀後半から21世紀に入る当たりからまず中国をはじめとする"もの作り新興国"がほぼ同レベルの品質といってもよい製品を恵まれた安価な労働力、積極的な外資導入を背景に急成長し、その結果、日本のセットメーカーは厳しい状況になってきている。

　これまで、もの作りにおける部品設計、特にめっきを必要とする部品の設計仕様においてセットメーカーが構築した認定制度と認定に基づく部外秘の「めっき設計仕様書」の配布に従うめっき加工の実施が大きな効果を発揮していた。しかし、国内外に広がったサプライチェーンの中でセットメーカーの認定制度が曖昧になると共に一次部品メーカー、二次部品メーカーへの部品設計の丸投げが起こり、それに伴ってめっき仕様そのものが曖昧になっていった。それを物語るように機械部品設計業界の中でめっき加工を必要とする部品設計において図面への記載を軽視しているという嘆きが聞こえてくる。例えば、基本的なJIS規格に基づいて描かれていない。相手に伝わればよい、わかればよいというレベルで描いている。だからJIS規格にとらわれず個人個人の好きなやり方で設計図面を描いている。仕上げ記号を入れない。材質の表記、めっきの表記もいい加減で有効面、非有効面の表記もないなど、複数の外注先に造らせたら同じ品質の加工ができない。同じ設計図面なら誰がみても同じように成形加工、めっき加工ができなければならないはずなのにそれができない。例えば次のような実際上の問題がある。

①めっき記号の問題；

　設計者によってマチマチである。ガイドブックに載っている記号で指示する企業があれば、言葉で指示する企業もあり、また旧認定制度の名残りである記号で指示する企業もある。そのような中でめっき記号で指示している企業の方が少ないように思える。

旧記号になるが、MFZn8CとかMFNi8・Cr0.1という記号が今でも使われている。この記号の意味を聞いてみると、こんな回答が返ってくる。

Mは「めっき（Mekki）」を表す頭文字の記号で、次のFは鉄素材（Fe）の頭文字を表す記号であり、Znは亜鉛めっきを表し、8は膜厚8μmを表し、Cは後処理のクロメートを表す記号であると回答する企業がある。ではMFNi8Cr0.1は鉄素材上のNiめっき8μm＋Crめっき0.1μmとなる。もし亜鉛素材上に同じめっきを指示する場合はMZnNi8Cr0.1と指示するという。

別の企業に回答してもらうと、MFZn8CのMFとは「金属めっき（Metal Finishing）」の頭文字MFを示し、Znめっき8μm＋クロメート仕上げ、あるいはNiめっき8μm＋Crめっき0.1μmのめっき記号で、素材の材質は別途図面に指示すると回答する。どちらが正しいのだろうか？

どちらの企業も聞きただすと最終的には口頭でめっき加工の指示をしているという。

②寸法の問題；

めっき膜厚について質問すると、平均8μmと回答する企業と8μm以上と回答する企業がある。では部品設計において部品のどの部分でめっき膜厚を保証するよう指示するのかを質問すると曖昧な回答になる。

③素材の材質と成形加工の問題；

素材について質問すると、鉄素材とか銅素材と図面に指示している企業あるいはJIS記号またはメーカー記号で図面に指示している企業などがあるが、どのような成形加工で部品製作されているかの記載は極めて少ない。

④めっき加工や成形加工などの要素技術についての基礎知識が不足している問題；

部品設計するに当って、設計は絵描きではなく、求める品質管理での部品を適切なコスト管理のもとで生産納期、クレーム、進捗管理など全てを理解しなければならない、それが部品設計の仕事といっても過言ではない。そのための要素技術についての基礎知識が不足している場合が多い。

以上のことを踏まえて、めっき加工を必要とする部品設計における設計者のために、めっき加工という要素技術の基礎知識およびめっき仕様を適切に「めっき設計仕様書」として作成するための基礎知識についてまとめてみる。

　湿式めっき法、乾式めっき法を含め、JIS規格（ISO国際規格対応）では、発注者側は発注に当って部品設計図と共に発注書またはめっき加工仕様書に次の基本事項を記載しなければならないとしている。

　　①素地材料の性質、状態および仕上がり
　　②めっきの記号
　　③めっきの有効面
　　④めっきの外観（限度見本を提示するとよい）
　　⑤許容できるめっき表面の欠陥の種類、大きさ、範囲および場所
　　⑥後処理（防錆処理）の有無
　　⑦密着性と密着試験方法
　　⑧必要とするめっき品質とその試験方法（めっき皮膜厚さ、機能性、耐食性など）
　　⑨めっき前後の熱処理（必要とする場合の付記事項）
　　⑩めっきされた部品に対する特別な包装の必要条件
　　⑪その他、特別な前後処理および制限

　しかし、これら基本事項について受渡当事者間の協定によって省略してもよいとしている。ISO国際規格においては、「めっき設計仕様書」の記入法について次のように記載されている。

　めっきを必要とする部品に、本国際規格に従ってめっきを施すために発注する場合、発注者は本国際規格のめっき種番号（例えば、電解ニッケル・クロムめっきの場合はISO1456）に、めっきが耐え得る使用環境条件の程度を示す次のような使用条件番号を書き加えなければならない。使用条件番号とは、次のように使用環境条件の程度を示す番号である。

ISO国際規格の場合　　◎等級4：極めて苛酷な環境下で使用する
　　　　　　　　　　　　◎等級3：激しい環境下で使用する
　　　　　　　　　　　　◎等級2：普通の環境下で使用する
　　　　　　　　　　　　◎等級1：穏やかな環境下で使用する

JIS規格の場合	◎使用環境A：腐食性の強い屋外環境下で使用する
	◎使用環境B：通常の屋外環境下で使用する
	◎使用環境C：湿度の高い屋内環境下で使用する
	◎使用環境D：通常の屋内環境下で使用する

　また、必ずしも「めっき設計仕様書」に記入する必要はないが、特に発注者がめっきの等級を指定したいような時には、めっきの等級を示す次に示すような分類記号を「めっき設計仕様書」に記入してもよい。

ISO国際規格の場合　　　（記入例）Fe／Ni25bCrmp

　（鉄系素材上の電解光沢ニッケル25 μm以上＋マイクロポーラスクロムを示す記号）

JIS規格の場合　　　　　（記入例）EP-Fe／Ni25b、Cr0.1mp

　（鉄系素材上の電解光沢ニッケル25 μm以上＋マイクロポーラスクロム0.1 μm以上）

　以上のごとく本国際規格の場合、使用環境の等級（使用条件番号）およびめっきの等級（分類番号）を「めっき設計仕様書」に記入することになっているが、もし使用条件番号（使用環境の等級）のみを「めっき設計仕様書」に記入し、分類番号（めっきの等級）を記入しない場合には、めっき加工業者はその使用条件番号に相当するどの等級のめっきを施してもよい。ただし発注者の方には用いためっきの分類番号を知らせる必要があるとしている。

　ここが曖昧なところで、めっきを必要とする要求品質が多岐にわたる最近の"もの作り"においては、セットメーカー社内規格に基づく「めっき設計仕様書」と認定制度があった時代から現在認定制度が姿を消し、さらにJIS規格（ISO国際規格対応）以外のめっき仕様の加工が求められる現状においては、発注者側の設計者による適切な「めっき設計仕様書」の作成と受渡当事者間のめっき品質に対する共通認識が極めて重要になってきている。

 ## 設計品質と製造品質が機能品質をつくる

　まず、めっき加工を必要とする"もの作り"における品質特性についてまと

めてみる。

JIS Z 8101（1981）「品質管理用語」に定義されている品質とは、
（1）品質とは、　①品物またはサービスが
　　　　　　　　②使用目的を満たしているかどうかを決定するための
　　　　　　　　③評価の対象となる固有の性質、性能の全体のことである。

つまり品質に関して図1-1および図1-2に示すように分類して考える必要がある。

その品質を管理（ControlからManagementへ）するのが品質管理である。

品質とは、

Q	品質	……………品物の質
C	価格	
D	納期	＋
E	環境保全	サービスの質
S	労働安全	

図1-1　品質の定義

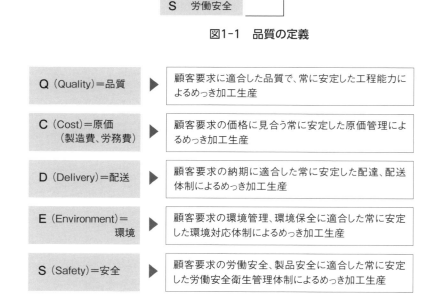

図1-2　めっき加工におけるQCD・ESとは？

(2) 従来型の品質管理では、
　生産現場で不良品を出さないような管理に重点を置いていた。
(3) 最近の品質管理では、
　　◎製品の質だけでなく4つのサービスを含めて広い意味での品質を考える。
　　◎顧客の要求に適合した製品の品質が確実に実現できるように設計部門
　　　を含めた全社的な活動としての管理が重視されている。

　図1-3に示すように、製品の設計段階での品質を「設計品質」といい、図面上でねらう「機能品質」として明確にしておかなければならない。これは製造時の目標となる品質という意味で「ねらいの品質」と呼ぶこともある。

　製造時に設計仕様通りに作ることができるか否かという品質を「製造品質」という。これは「ねらいの品質」に対してどの程度適合しているかということから「適合の品質」と呼ばれることもある。

　この「ねらいの品質」はどのような機能特性の質を求めているのか？を設計仕様書などで明確にすることにより、「製造品質」に影響を及ぼす要素技術で

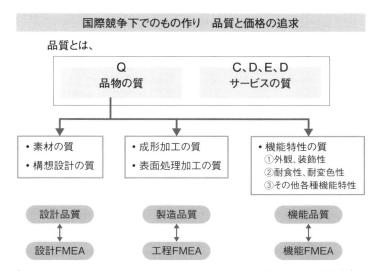

図1-3　品物の質（設計品質、製造品質、機能品質）

ある素材の質に係る製造工程と必要とする工程能力の選定、および成形加工の質に係る製造工程と必要とする工程能力の選定、並びに要素技術としてめっき加工が必要であれば表面処理加工の質に係る製造工程と必要とする工程能力の選定など、必ず品質にばらつきが発生する「製造品質」をどの程度の品質管理レベルで"もの作り"していくかが定まる。従って、「ねらいの品質」という品質目標を設計仕様（めっき仕様を含む）に定めることは重要なことである。

製品に対する顧客の評価を考えれば、品物、サービスを含む広い意味での品質の要素について、QCDESつまり品質出来ばえ、価格、入手の容易さ、環境、安全性など、さまざまな観点から検討されなければならないが、ここでは品質＝品物の質（出来ばえ）と限定してそれぞれの"もの作り"のための要素技術と工程能力について理解しておく必要がある。

なぜならば、素材を提供する素材メーカーの製造段階での素材の質、および成形加工段階での質、並びに表面処理加工段階での質、全て製造品質には図1－4に示すように、ばらつきが発生する。

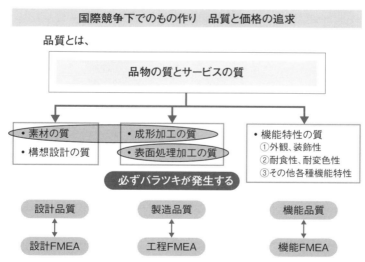

図1-4　製造品質に発生する品質ばらつき

第1章 めっきを必要とする部品設計における「めっき仕様」の問題点

素材を提供するメーカーでの素材加工のばらつき、成形加工業者での成形加工のばらつき、およびめっき加工業者でのめっき加工のばらつき

素材加工では、外観などの定性的な仕上がり評価および板厚や表面あらさ、などの定量的な仕上がり評価が規定するばらつき範囲内にあるはずである。

成形加工では、成形欠陥などの定性的な仕上がり評価および成形寸法などの定量的な仕上がり評価が規定するばらつき範囲内にあるはずである。

めっき加工では、めっき外観や密着性などの定性的な仕上がり評価およびめっき膜厚や耐食性などの定量的な仕上がり評価が規定するばらつき範囲内にあるはずである。

さて、どの程度のばらつきは当たり前として生産しているだろうか？

一般部品の生産管理、品質管理では、1000個中3個以下の不良ならOKの「千・三」管理というのが主流であり、精密部品の生産管理、品質管理では、10万個中5個以下の不良ならOKの「十万石」管理が要求される。

さらに高い要求としては、100万個中5個以下の不良で「百万石」管理がある。

生産管理における工程能力（ばらつきの程度）とは

工程は、4M（Machine、Material、Man、Method）から成り立っている。

これら4Mが標準化された条件下で生産された品質特性のばらつきを工程能力という。

工程能力をJIS・Z・8101では、「安定した工程の持つ特性の成果に対する合理的に達成可能な能力の限界」と定義されている。

① $Cp \geq 1.67$ ならば、工程能力は極めて十分である。
　　　不良率0.0006%　　　100万石の管理
② $1.67 > Cp \geq 1.33$ ならば、工程能力は十分である。
　　　不良率0.0006%以上0.006%以下　　　10万石以上の管理
③ $1.33 > Cp \geq 1.00$ ならば、工程能力はほぼ確保されている。
　　　不良率0.006%以上0.27%以下　　　千三～10万石の管理
④ $1.00 > Cp \geq 0.67$ ならば、工程能力は不足している。
　　　不良率0.27%以上4.5%以下　　　工程改善が必要
⑤ $Cp < 0.67$ ならば、工程能力は極めて不足している。
　　　不良率4.5%以上　　　工程改善急務

素材の質、成形加工の質、表面処理加工の質に係る要素技術の品質ばらつきの程度を認識することは「ねらいの品質」に大きく影響するので枠をかけた特記事項として15ページに示す。

　4M管理され安定した製造工程でのばらつきを工程能力という。この工程能力が顧客要求品質に適合する出来ばえ（品質ばらつき）であれば問題はないが、コスト（価格）面を考慮して、この点を設計品質として明確にしておく必要がある。

❸ セットメーカー社内規格に基づく「めっき設計仕様書の作成」と認定制度の時代

　もの作りには製品や部品の形状を企画する設計力（設計技術）とそれを現物化する現場力（現場技術）が要求される。図1-5に示すように、サプライチェーンの中で川下に位置する製品メーカー（セットメーカー）および一次サプライヤ（部品メーカー）がある製品の製品構想設計を行い、その製品に必要な部品構想設計をまず行う。その次に二次サプライヤを含む部品メーカーが試作詳細設計（承認図）を作り上げる。この段階でいろいろな要素技術が検討される。例えば、素材の質、つまり材質を何にするか、成形加工の質、つまり成形加工方法について何を選択するか、さらに部品の求める機能特性から考慮してどのような表面改質、つまり表面処理が必要なのか、など各要素技術を決めて試作に取り掛かり、その部品のライフサイクルを含む要求品質にマッチングしているかを試作評価を繰り返して各種要素技術の要求レベルや評価判定基準を定め量産設計に示さなければならない。

　戦前・戦後を通して日本国内での"もの作り"は製品メーカー内で全て行なっていた頃から分業化が進み、現在では海外を含めたサプライチェーンができ川下から川上へと役割分担がなされるようになった。

　さて、"もの作り"の温故知新（古き時代を温めてその知恵、やり方、知識を知り、新しい時代に活用する）を考えてみることにする。

　分業化が進んでいない頃は、設計から創作まで製品メーカーまたはそれに準ずる一次サプライヤを含めて内製していたので、もの作り開発の要求があった

第1章　めっきを必要とする部品設計における「めっき仕様」の問題点

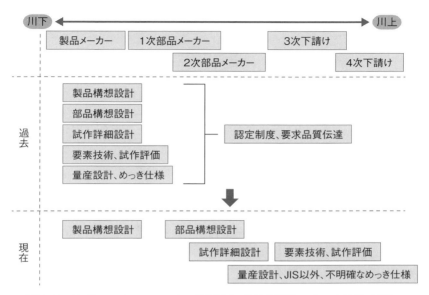

図1-5　サプライチェーンの中の受発注における設計・めっき仕様の流れ

場合または製品改良（バージョンアップ）が要求される場合、設計に直接関与する設計者だけでなく、現場からの各要素技術者（例えば、材料加工、成形加工、めっき加工、その他表面改質に携わる技術者）が一同に会して設計図および製作関連仕様書の作成が行なわれていたのである。

例えば、めっき処理を必要とする場合、めっき設計仕様書が試作評価を通して得られた表面処理特性や機能を量産を見据えた工程能力を考慮して、その機能特性を安定して付与させるための加工条件、評価方法、評価基準などを詳細にまとめて部外秘扱いされていた。

この部品の設計図とめっき設計仕様書をもってサプライチェーンの中で分業化し、外注する場合は"認定制度"というスタイルで外注先の現場力を出来ばえ評価し、認定合格した所のみに実施させるサプライチェーンになっていた。

従って、製品構想設計から部品構想設計、詳細試作設計、量産設計が完成してから一次サプライヤ、二次サプライヤあるいは成形加工業者、めっき加工業者など、三次，四次サプライヤに至るまで、設計図と加工仕様書に基づいた

"もの作り"が展開されていたのである。ところが時代が進み、高度成長期、グローバルな生産体制を迎えると製品生産は多量化となり、必要とする部品生産も多方面に広がり海外生産、海外組み立てにまで進展していった。その結果、サプライチェーンが広がると共に製品のライフサイクルが短く買換え需要が進んで品質よりも低価格化優先の流れも加わって最近の"もの作り"に対する設計力、現場力の低下が起こってしまったように感じる。

　ちなみに現在は発注者側からのめっき加工仕様書に基づく認定制度もなくなり、めっき加工の品質要求も曖昧になってしまったように感じる。

　分業化が進んだ"もの作り"における設計者とは、どのような仕事力を持ったらよいか？考えてみると次のようになるのではないか。

　設計者が行う設計で提出するものは図面であり、報告書である。従って、その設計図に示されている内容により成形加工された目に見える加工品は現場力に左右され、その出来ばえが異なる。特にめっきという要素技術を必要とする加工品については、めっき加工することによりどのような機能特性を付加価値として付与しようとしているのかを設計図面上に明示しなければ求めようとする品質が得られない特殊な要素技術なのである。

　設計者に求められる設計力とはなにか？を考えてみよう。

　設計者が作る商品は紙面上に作図した情報である。その情報に基づいて成形加工やめっき加工という要素技術を駆使して形のある安定した品質の商品を作り上げる現場力とマッチングしやすくすること、それが設計力ではないかと考える。マッチングしやすいとは現場で品質目標が明確になっていて出来ばえ評価しやすいことである。

　例えば、日本製のめっき製品が優れているといわれるポイントは、より優れた品質（Quality）のものをより安い原価（Cost）、売値価格（Price）で供給していることである。

　戦後、日本が高度成長した原動力が、このQとCの世界市場での競争力であった。そのときはサプライチェーンの中で川下に位置する製品メーカーが部品供給する川上に位置する部品メーカーに、またさらに部品メーカーが要素技術を提供する成形加工専業者あるいは表面処理加工専業者に、QC小集団活動

による改善活動の奨励を積極的に行なった時期でもあった。しかし、高度成長が続き、製品のライフサイクルが買換え需要により短くなってくると、価格競争が優先され国内から労務費の安い海外生産に移行され、成形加工および表面処理加工など要素技術においても自動機による生産が主流になっていった。

そうなると要素技術による加工に対する製品メーカーや一次サプライヤからの認定制度というスタイルは消えていった。

その要因の1つに考えられることとして、買換え需要に対するライフサイクルの短周期化に伴う品質保持期間の短寿命化容認とその見返りとしての低価格化生産があげられる。

"日本製"の製品は"安かろう悪かろう"といわれた戦後復興期から"良かろう安かろう"の高度成長期への市場に対応してきたが、21世紀のこれから、さらに22世紀の市場ではより高度な品質要求（品質ばらつきが製品1000個中に数個以下の不良品混入でも良しとする「千三管理」の"もの作り"から製品10万個中に数個以下の不良品混入で良しとする「10万石管理」、さらに製品100万個中に数個以下の不良品混入で良しとする「100万石管理」の企業体質へと世界市場で納得される品質＋価格競争に対応しなければならない。

JIS規格にないめっき仕様が増加している現状

（めっき加工を必要とする部品の設計力、中小企業において押さえておきたい設計品質）

製品メーカーのような大企業においては、製品の商品化開発に当たって"企画書"というものを企画担当者（プランナー）が市場調査を行い、競合品の状況、顧客のニーズ、競合品の品質（Q）、価格（C）、納期在庫状況（D）、特許出願有無など詳細に調べるのが一般的である。それに対して商品化に向けた企画案-1、-2、-3…などを作成する。それらを企画審査にかけて商品化するか否かを吟味するのが通常である。

しかし、中小企業にはサプライチェーンに基づいて製品メーカーに部品を供給するあるいは部品メーカーに部品を構成する成形品を供給するサプライヤを

担当する企業が数多く存在する。このような中小企業の場合は、大企業から示された企画書に従って設計仕様書を作成しなければならない。これを作成するのは設計者の重要な仕事である。

製品メーカーは商品開発に関する提案書として商品企画書なるものを作成審議し、決定したものを機密文書扱いにして委託企業である外注先の部品メーカーに必要な部品の設計仕様書を求めるのが一般的と考える。すなわち商品（製品）企画書をブレークダウンしたものが設計仕様書である。商品企画書と設計仕様書についてトラブルの原因となるのが"記載もれ"による品質トラブルあるいは過剰仕様による価格トラブルであり、特に設計者は仕様書作成において注意しておかなければならないポイントである。

場合によってはサプライチェーンの中で川下のお客様から設計仕様書をいただくケースも含めてよく理解しておく必要がある。

2016年現在　； JIS規格及び対応国際規格に規定されているめっき種および後処理
1.　電気亜鉛めっき；JIS　H　8610（1999）、対応国際規格　ISO2081
2.　電気カドミウムめっき；JIS　H　8611（1999）、対応国際規格　ISO2082
3.　電気亜鉛、カドミめっき上のクロメート皮膜；JIS　H　8625（1993）
4.　ニッケル及びニッケル-クロムめっき；JIS　H　8617（1999）、ISO1456
5.　装飾用　金及び金合金めっき；JIS　H　8622（1993）、
6.　装飾用　銀めっき；JIS　H　8623（1993）、
7. 8.　電気すず及びすず-鉛合金めっき；JIS　H　8619（1999）及び8624（1999）
9.　プラスチック上への装飾用電気めっき；JIS　H　8630（2006）、ISO対応
10.　工業用　クロムめっき；JIS　H　8615（1999）、ISO6158
11.　工業用　金及び金合金めっき；JIS　H　8620（1998）、ISO4523
12.　工業用　銀めっき；JIS　H　8621（1998）、ISO4521
13.　工業用電気ニッケルめっき及び電鋳ニッケル；JIS　H　8626（1995）
14. 15.　無電解ニッケル-りんめっき；JISH8645、無電解銅めっき　H8646

第1章　めっきを必要とする部品設計における「めっき仕様」の問題点

　めっきを必要とする部品の設計図面を書く場合、設計品質を決める目的からめっき仕様を明確にすることは重要な設計者の作業になる。それはめっき加工しやすい形状に設計することと共にめっき仕様を明確にして求める機能品質（ねらい品質）を示すことになる。

　そのためのめっき仕様の書き方についての基本的要素がJIS規格（ISO国際規格に対応）に示されていることは前記した。しかし、JIS規格に定められているめっき種は、2016年現在たった15種類である（前ページの図参照）。

　それ以外のめっき種については、まだJIS規格（ISO国際規格対応）化されるほどの標準化がなされていないため、発注者側および受注者側いわゆる受渡当事者間の協定によりめっき仕様を定めなければならない。

　そのためには、発注者側に立つ設計者としては、成形加工技術およびめっき加工技術という要素技術について基礎知識を身に付け、設計力を高めることが重要になってきているのだ。

第2章

設計者のための
基礎知識（その1）
めっきの役割と機能

めっきとは単一金属または2元以上の合金の薄層を1層あるいは多層にして成形加工品の表面に金属光沢のあるめっき皮膜を被覆することであり、さらに広げた解釈として、その上にそれら金属の酸化物、硫化物、など金属化合物を被覆することや有機皮膜を被覆することも含まれている。

　元来、湿式めっき技術によるめっき加工の役割は、①装飾性の向上、②耐食性の向上、③表面硬さの向上であった。用途の拡大に伴って④電気伝導性など電気特性の向上、⑤潤滑性の向上、⑥接着性の向上、⑦その他など多岐にわたってきた。従って、めっき加工品は自動車部品、建築用部品、各種大型小型機械部品、日用雑貨品からコンピュータ、携帯電話など、微細精密加工の電子機器部品に至るまで、あらゆる分野で使用され機能向上に貢献している。それを図2-1に示すと次のようになる。

めっき加工の基礎知識　(めっきによる特性付与)
1. めっき加工技術とめっき皮膜の密着性
2. めっき加工技術による外観(光沢性、耐変色性)
3. めっき加工技術による耐食性(防錆、防食)
4. めっき加工技術による電気伝導性など電気的特性
5. めっき加工技術による接合特性など物理的特性
6. めっき加工技術による耐摩耗性など機械的特性
7. めっき加工技術による耐熱性など熱的特性
8. めっき加工技術による耐薬品性など化学的特性
9. めっき加工技術によるその他の特性

1.～9.までの特性について国際競争の中で、品質(Q)はより高く、ばらつきは小さく、価格(C)はより安くという顧客要求がますます高まっている。
そのような流れに対してどのように対応すべきかを考え実践する時である。

図2-1　めっき加工技術による表面改質

めっき加工技術とめっき皮膜の密着性

　めっき皮膜の各種機能性を継続的に具備させるためには、目的に応じた使用環境においてまずめっき皮膜が剥離しないという密着性の確保が必要である。しかし"はがれ"、"ふくれ"を含む密着不良品のめっき加工ロット内混入の品質トラブルは図2-2に示すように「めっきの3大不良モード」として取り上げられる代表的な発生しやすい不良モード（Failure Mode）である。

　めっき加工時の密着性に影響を及ぼす要因は、いろいろなものがあげられる。
　まずめっき加工用の素材に基因するものとして、金属材料（めっきしやすい低炭素鋼、黄銅材など、めっきしにくいチタン材、タングステン材など）からプラスチック材料（化学エッチングしやすいABS樹脂、エッチングしにくいスーパーエンプラ材など）、さらにセラミック材料、ガラス材料などがあり、これらの素材に密着よくめっき皮膜を施すためには、素材に適した前処理条件とめっき処理条件を確立させなければならない。しかし、例えば金属素材を取り上げても材料組成だけでなく、精密プレス、精密切削、精密研削など、成形加工の影響、さらに熱処理、溶接など2次加工の影響を受けて、金属素材表面

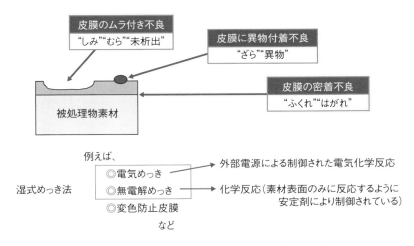

図2-2　めっき加工における　3大不良モード

の状態はさまざまな様相を呈している。

　金属素材表面の状態をわかりやすく表現すると、図2-3に示すように4つの層が成形加工された金属素材表面に形成されているものと考えられる。

　従って、金属素材の成形加工や熱処理などの2次加工の状態により異なる4つの表面層の状態に適合した前処理工程をきちっと行なって4つの層を除去してから活性面に適切なめっき皮膜を施さないと密着不良を完全に防ぐことはできない。

　そこで、設計者としてめっきを必要とする部品設計を行う場合は、設計図もしくはめっき設計仕様書に金属素材の種類（JIS規格に該当する素材の場合はJIS規格の素材記号の記載、またJIS規格外の素材については素材メーカーからの素材成分表添付）および成形加工方法と素材表面性状の記載（成形加工油の種類、表面あらさなど）並びに熱処理（大気中熱処理か窒素中熱処理かなど）や溶接など2次加工の条件記載は、めっき皮膜の密着性確保において適切な前処理工程を構築する上で設計者の設計力として極めて重要な役割になる。このことについてはめっき設計仕様書の作成に関連させ、詳しくは後述する。

　金属素材以外の各種プラスチック素材、各種セラミック素材や各種ガラス素

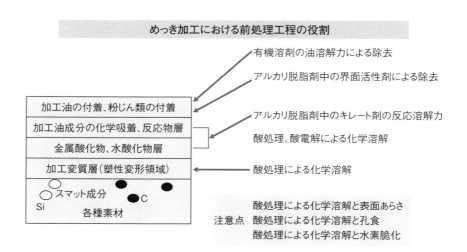

図2-3　成形加工された金属素材の表面層状態

材など新素材上へのめっき加工で新たな機能を求める新技術開発に当っては、めっき加工技術により求める機能性を得る段階でめっき皮膜の密着不良が大きな課題になることが多い。その場合まず従来の類似した素材への前処理方法を適用して試作し解決を図るが、より強い密着力を必要とする場合は、新たな前処理方法の検討やめっき後の原子熱拡散法の検討が必要になる。この場合も設計者としてめっきを必要とする部品設計を行う場合、設計図もしくはめっき設計仕様書に非金属素材の種類（JIS規格に該当する素材の場合はJIS規格の素材記号の記載、またJIS規格外の素材については素材メーカーからの素材成分表添付）および成形加工方法と素材表面性状の記載（型成形の場合の離型剤の種類、残渣の付着など）は、めっき皮膜の密着性確保において適切な前処理工程を構築する上で設計者の設計力として極めて重要である。

めっき皮膜と素材との界面における密着性に関与する結合力は、図2-4に示すように化学的結合力と物理的結合力に分類することができる。

化学的結合力の主役は、金属素材上の金属めっき皮膜の場合、拡散による金属結合になる。

物理的結合力の主役は、素材表面の適切なアンカー（錨、支え）となり得る

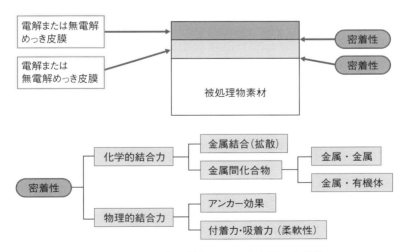

図2-4　めっき加工技術とめっき皮膜の密着性

表面粗化によるアンカー効果である。

めっき用素材がプラスチック、セラミックあるいはガラスのように非金属の場合は、金属めっき皮膜との界面で拡散による化学的結合力（金属結合）が得られず、専ら非金属素材表面のエッチング（表面粗化）に伴うアンカー効果による物理的結合力が密着性の主体になる。従って、図2-5その(1)、図2-6そ

○試験方法の選択および評価基準は、用途に応じ、受渡当事者間で協定すること

定性的試験法

◎	1.	曲げ試験方法
◎	2.	やすり試験方法
	3.	たがね打ち込み試験方法
	4.	へらしごき試験方法
	5.	押出し試験方法　及び　6. エリクセン試験方法
	7.	ショットピーニング試験方法
	8.	バレル研磨試験方法
◎	9.	テープ試験方法
	10.	はんだ付け試験方法

図2-5　その(1)　めっきの密着性試験方法(JIS　H　8504)
　　　　　　　　対応国際規格；ISO　2819(1980)

○試験方法の選択および評価基準は、用途に応じ、受渡当事者間で協定すること

定性的試験法

	11.	けい線試験方法
◎	12.	加熱試験方法
◎	13.	熱衝撃試験方法
	14.	陰極電解試験方法

定量的試験法

15.	引張り試験方法……………………定量的試験方法

図2-6　その(2)　めっきの密着性試験方法(JIS　H　8504)
　　　　　　　　対応国際規格；ISO　2819(1980)

の（2）に示すテープ試験法による密着性定性的評価あるいは引張り試験法による密着性定量的評価が通常用いられる。

　それに対して金属素材の場合は、金属めっき皮膜との間で金属拡散が生じて金属素材成分と金属めっき皮膜成分との合金化が進み、金属結合が形成されてどんな比率でも混ざり合う完全固溶体となり、連続的な拡散層が形成されて二度とそこから剥離しない連続的な合金層ができて、密着性は非常に強固となり引張り試験による定量的評価が不可能になる。そこで、図2-5その（1）に示す"曲げ試験法"や"やすり試験法"または薄いめっき皮膜を施した場合は"テープ試験法"あるいは図2-6その（2）に示す"加熱試験法"や"熱衝撃試験法"など、定性的評価が適用される。この場合も設計者としてめっきを必要とする部品設計を行う場合、設計図もしくはめっき設計仕様書に非金属素材の種類または金属素材の種類（JIS規格に該当する素材の場合はJIS規格の素材記号の記載、またJIS規格外の素材については素材メーカーからの素材成分表添付）および成形加工方法と素材表面性状の記載など、さらに使用環境、使用目的に適合しためっき皮膜の密着性確保が重要なので、どのような密着試験法を採用して評価するかを記載することが設計者の設計力として極めて重要になる。

1．品質管理としての密着性試験

　めっき工程において脱脂不良や活性化不良が起こった場合は、ひっかけ治具1本に掛かっている数を1ロットとした場合や数本のひっかけ治具をまとめて1ロットとする場合、あるいは1バレルの処理数量を1ロットとする場合など、これら1ロットからの僅かな数の抜取りによる各種密着性破壊試験で即座に発見できる不良発生数になるのが一般的であるが、適切な条件でめっき加工されたロットの場合は、密着不良の発生率は皆無かまたは極めて少ないはずである。しかし、その密着力を定量的に評価したとすると図2-7に示すような富士山型のように大きな"ばらつき"を示すか、東京タワー型のように"ばらつき"が少ないか、あるいはスカイツリー型のように極めて少ない"ばらつき"を示すような度数分布曲線を示すはずである。実際はそのめっき品の使用目的に適合する密着性を具備しているか否かを目視判断する各種密着性試験方法の

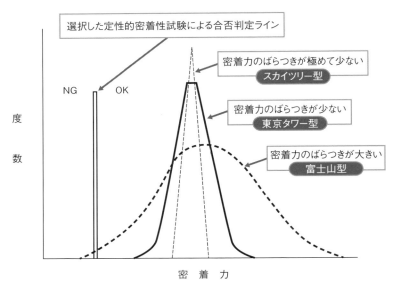

図2-7 密着力の分布状態

いずれかを採用して、できるだけ少ない数で評価判定しているのである。

使用環境、使用目的から判断する実用的な密着性を図2-5、図2-6に示したJIS規格に準じた試験方法を用いて、実際には極めて少ない数の抜取りによる定性的あるいは定量的破壊試験で良否判定することは難しい。

従って、「量産設計」を含め設計者としてめっき加工を必要とする当該部品が用途上必要とする密着性を具備しているかどうかを極めて少ない抜取り数で、JIS規格に基づく曲げ試験またはやすり試験など定性的破壊試験で的確に評価する手順を「めっき設計仕様書」に示し、めっき加工における工程内検査として活用するように書き示すことは設計力として重要なことになる。そこで現場的な工程内抜取り密着性試験方法について下記に示す。

①バレルめっき方式の場合；

めっき加工品が小物または微細部品の場合に、図2-8に示すようなバレルという容器の中に適切な数量を投入して回転させながら電解めっきを行う。

例えば、キャップ状の黄銅材部品10,000個を1ロットとしてバレルめっき方

第2章 設計者のための基礎知識(その1)めっきの役割と機能

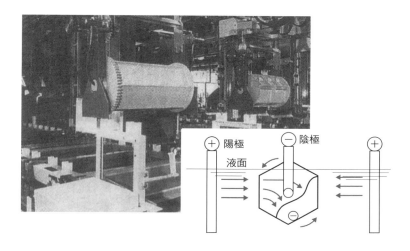

図2-8 バレル方式の電解めっきキャリアタイプ搬送概略図

式で光沢ニッケルめっきを平均8 μmの膜厚で仕上げ、密着性は用途上後加工で曲げ加工があるのでJIS規格に準じた曲げ試験法で定性的破壊試験により2～3個抜取り評価することと「めっき設計仕様書」に定められているものとする。

　発注者は用途上後加工として曲げ加工があるため1ロット内でわずかでも密着性の悪いめっき品が混入していることを避けなければならない。そこで密着性品質評価比較としてA社とB社にめっき加工を依頼をして出来上がった1ロット10,000個の中から50個をサンプリングして、ケイ光X線膜厚計にて膜厚測定を行った結果、図2-9に示す結果となった。

　図2-9の結果から判断すると、A社のサンプルデータから光沢ニッケルめっき膜厚は平均値8.1 μm、サンプル標準偏差値1.9 μmとなり、B社の場合は平均値8.1 μm、サンプル標準偏差値0.9 μmとなっている。平均値に対する標準偏差値の比率で評価する変動率(Coefficient of Variation)で評価してみると、A社は1.9／8.1＝0.235つまり変動率23.5%のばらつき状態であり、B社は0.9／8.1＝0.111つまり変動率11.1%のばらつき状態であり、B社の方が品質ばらつきが小さいことになる。

　バレルめっき方式の特徴として現場的な評価では、変動率(CV%)が17%

以上になると密着性において不安なめっき品の混入という恐れが高くなる傾向にある。

そこでA社のサンプリングデータから最も膜厚の厚かった12μm品1個と最も膜厚の薄かった4μm品1個を曲げ試験してみたところ、図2-10のような密着不良が発生した。これに対してB社の場合は最も膜厚の厚かった10μm品1

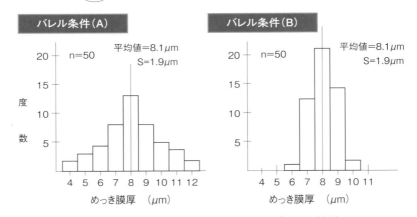

図2-9　光沢ニッケルめっきにおけるばらつき比較

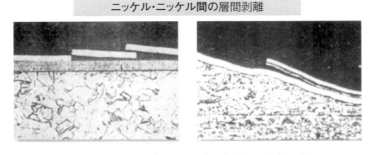

図2-10　めっき加工におけるQCD・ESとは？

個と最も膜厚の薄かった6μm品1個を曲げ試験してみたが密着性は良好であった。

このようにバレルめっき方式の電解めっきの場合、膜厚ばらつきが大きいと上記事例のように1バレル（1ロット）10,000個の中に数個ないし数十個程度の密着不良品が混入する恐れがでてくる。この密着不良品を1ロット（10,000個）の中から2～3個抜取り曲げ試験で発見することは極めて困難である。従って、サンプリングデータから最も膜厚の厚かっためっき品と最も膜厚の薄かっためっき品を1個ずつ抜き取って曲げ試験で評価する工程内品質検査が有効になる。設計者として特に後加工として曲げ加工を要するめっきを必要とする部品においてはサンプリングして膜厚を計測しためっき品の中で最も膜厚の厚かったもの1個と最も膜厚の薄かったもの1個を曲げ試験して密着性を確認する試験方法を「めっき設計仕様書」に明記しておくとよい。

②ひっかけ治具方式の場合；

比較的大きい部品あるいは変形しやすい形状の部品などは、図2-11に示すようなひっかけ治具方式のめっき設備を用いて、めっき部品に適合した各種形状のひっかけ治具を製作して電解めっきを行う。ひっかけ治具方式の場合は治

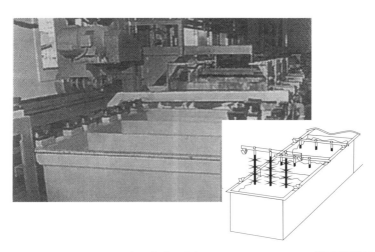

図2-11　ひっかけ治具方式の電解めっきキャリアタイプ搬送概略図

具接点部にはめっきが付かず接点跡ができるので、設計図面上にひっかけ接点部を非有効面のどの箇所にするか指定する方がよい。

　例えば、ひっかけ治具を用いて電解めっきを行った場合、ひっかけ治具の上下や外周部分に位置するめっき品ほど局部電流密度の高い状態でめっき加工される分布状態になる。その結果、図2-12に示すような厚い膜厚の方に尾を引く膜厚分布状態になりやすい。電解めっきの特徴として高電流密度領域で析出しためっき皮膜は"こげ"や"やけ"と称する異常析出が観られなくても水素脆化を起こした"もろい"析出皮膜になりやすい。

　そこで、めっき条件が適切かどうか？またっき皮膜の密着性を評価する目的から定期的に図2-13に示すような屈曲パネル（ひっかけ治具にセットされためっき品と同じ素材で作った屈曲パネルが好ましい）をひっかけ治具の下部にセットして電解めっきを行ってみる。

　めっき後屈曲パネルを折り曲げたり引き伸ばしたりしたときに図2-14のようなめっき皮膜の"割れ"や"はがれ"が発生した場合は、密着性不良品の混入ということになる。定期的に屈曲パネルをひっかけ治具の上段または下段に1個セットしてめっき加工を行い、密着性を評価する工程内品質検査が有効に

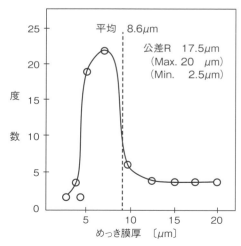

図2-12　ひっかけ治具内のめっき膜厚分布状

なる。設計者として特に信頼度の高い密着性の良いめっきを必要とする部品においては、定期的な屈曲パネルによる膜厚の計測と密着性を確認する試験方法を「めっき設計仕様書」に明記しておくとよい。

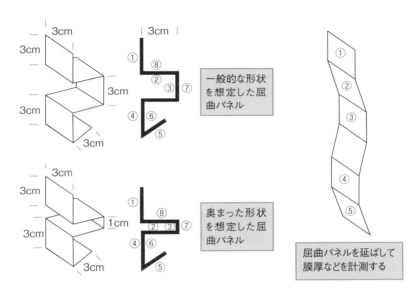

図2-13　工夫した屈曲パネルの形状と膜厚計測する位置

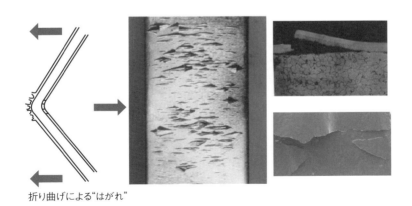

図2-14　めっき皮膜の"はがれ"状態図

2. めっき後の熱処理による密着性の改善

めっき後に熱処理を行うことによって、めっき皮膜の水素脆化を緩和して密着性の改善効果をもたらしたり、熱処理による原子熱拡散効果によって密着性を高めたりすることは好ましい。特に無電解ニッケル・りん合金めっき皮膜を施した部品で高度な密着性を必要とする場合については、表2-1に示すようにJIS H 8645（1999）「無電解ニッケル・りんめっき」の付属書4に"密着性を向上させるための熱処理条件"として規定されている。

この規定によると熱処理方法は、金属素材の種類に応じて熱処理温度と熱処理時間について定めている。他のめっき種についてはJIS規格で特に密着性向上のための熱処理方法について記載はないが、熱拡散による密着性の改善は設計者として考慮しておく必要があるので拡散の機構について簡単に説明しておく。

金属結合の中で、熱エネルギーによりすべての原子は平衡位置で常に振動している。熱振動に相当するエネルギーは温度とともに増大し、適当な条件で原子を格子点から飛び出させる。そのエネルギーは格子間原子も同様に移動し得る。これが拡散（diffusion）の基本的な機構である。このような結晶格子内での拡散に加えて、結晶粒界拡散および金属表面拡散がある。金属表面の原子は格子のある場所に弱い結合力で結合している。従って、表面拡散は結晶粒界拡散よりも速いと考えられている。

金属は、純粋な単一金属として得ることは実際には難しく、各種不純物として異種元素が混入している。その異種元素は置換型固溶体（substitutional solid solution）としてベース金属の中に存在するか、侵入型固溶体（interstitial solid solution）としてベース金属の中に存在している。置換型になるか、侵入

表2-1　密着性向上のための熱処理方法

素地金属	熱処理温度	熱処理時間
鉄および鉄合金	210±10℃	1～1.5時間
銅および銅合金	190±10℃	1～1.5時間
アルミおよびアルミ合金	160±10℃（非熱処理合金）	1～1.5時間
アルミおよびアルミ合金	130±10℃（熱処理合金）	1～1.5時間

型になるかの一つの分かれ道に原子の大きさがある。水素など小さい原子は金属結晶格子の間に侵入する方が安定している。合金のように異種金属を混ぜ合わせるときは、原子の大きさに多少の差があっても侵入するよりは一般的には置換型になる。その場合に影響するのが金属原子相互の大きさの違いに加えてそれぞれの金属結晶構造の類似性と金属同士の相性（親和力）などであると考えられている。

　めっきによる金属の組み合わせとそれに伴う金属間の拡散現象および合金化の影響を考察する場合は、合金とその状態図の基礎知識が必要である。例えば、Aという金属原子にBという金属原子が溶け込んで作られる固溶体の結晶構造を考えると、本質的にベース金属であるAという金属の結晶構造と同じになる。この固溶範囲を一次置換型固溶体という。ランダム配列の置換型固溶体を形成する難易性（固溶範囲の広さ）を決定する因子として、（1）原子径の差、（2）電気化学的傾向の差、および（3）原子価の違いの3つが考えられる。それぞれについて簡単に記述する。

（1）原子径の差

　Aという金属原子とBという金属原子の原子径（一般的に原子半径が示されている）の差が10％以下であれば広く固溶できるが、それ以上の差がある場合は急激に固溶度が減少する（ヒューム・ロザリー則という）。

（2）電気化学的傾向の差

　金属原子の持っている電気的陽性の傾向を示すか、電気的陰性の傾向を示すかで、両者が電気的に引き合えば金属間化合物形成の傾向が強い。

（3）原子価の違い

　原子価の高い金属が低い金属を広く固溶する傾向がある。

　以上の傾向によって、合金の状態図は大別するとAタイプ（Aタイプ－1、Aタイプ－2）、Bタイプ、Cタイプ、およびDタイプの4種類に分かれる。

①Aタイプ－1に属する合金系とめっき皮膜の組み合わせ

　この合金系は、図2-15に示すようにAu（金）－Ag（銀）の組み合わせ、Cu（銅）－Ni（ニッケル）の組み合わせ、およびCo（コバルト）－Ni（ニッケル）の組み合わせなど、原子径の差が10％以下であり、結晶格子もほぼ同じ

Aタイプ-1　固相において完全に溶け合う

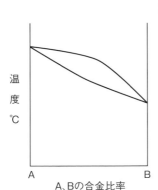

【該当例】

AuとAgの組合わせ

金属原子；	Au	Ag
原子半径；	1.44Å	1.44Å
結晶格子；	両心立方	両心立方

CuとNiの組合わせ

金属原子；	Cu	Ni
原子半径；	1.28Å	1.25Å
結晶格子；	両心立方	両心立方

CoとNiの組合わせ

金属原子；	Co	Ni
原子半径；	1.25Å	1.25Å
結晶格子；	両心立方	両心立方

図2-15　Aタイプ-1の合金状態図

Aタイプ-2　固相において完全に溶け合う

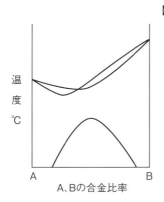

【該当例】

AuとNiの組合わせ

金属原子；	Au	Ni
原子半径；	1.44Å	1.25Å
結晶格子；	両心立方	両心立方

AuとCuの組合わせ

金属原子；	Au	Cu
原子半径；	1.44Å	1.28Å
結晶格子；	両心立方	両心立方

NiとPdの組合わせ

金属原子；	Ni	Pd
原子半径；	1.25Å	1.37Å
結晶格子；	両心立方	両心立方

図2-16　Aタイプ-2の合金状態図

第2章 設計者のための基礎知識(その1)めっきの役割と機能

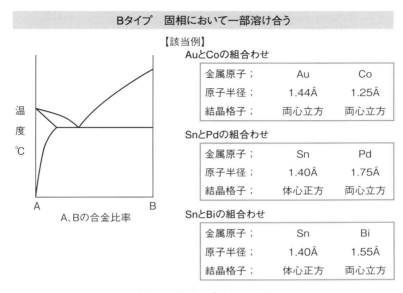

図2-17 Bタイプの合金状態図

であるため、全率ランダム固溶体となる。

古くから採用されている代表的めっきの組み合わせであるCu（銅）めっき皮膜上のNi（ニッケル）めっき皮膜は、これに該当しその界面で金属拡散が起こると全率ランダム固溶体を形成するので連続性のある拡散合金層ができる。そのために経時によりあるいは熱拡散により密着性の向上が期待できる。

②Aタイプ－2

この合金系は、図2-16に示すようにAu（金）－Ni（ニッケル）の組み合わせ、Au（金）－Cu（銅）の組み合わせ、およびNi（ニッケル）－Pd（パラジウム）の組み合わせなど、原子半径がわずかに異なるが、結晶格子が同じであるため、やや変形した全率固溶体となる。ある条件で例えば1：1のAuCuや1：3のAuCu$_3$などが形成され、規則配列を作り始める。

古くから採用されている代表的なめっきの組み合わせであるNi（ニッケル）めっき皮膜上のAu（金）めっき皮膜やCu（銅）めっき皮膜上のAg（銀）めっき皮膜、あるいはNi（ニッケル）めっき皮膜上のAg（銀）めっき皮膜など

は、これに該当しその界面で金属拡散が起こると全率固溶体を形成する。そのために経時によりあるいは熱拡散により密着性の向上が期待できる。

③Bタイプ

この合金系は、図2-17に示すように原子半径よりも結晶格子が近いため一部溶け合う。この系はクルナコフ型金属間化合物の状態図に属する。

めっき皮膜としては、Au（金）-Co（コバルト）合金めっき、Sn（すず）-Pb（鉛）合金めっき、あるいはSn（すず）-Bi（ビスマス）合金めっきなどがこのタイプに属し、めっき皮膜の組み合わせよりも合金めっき皮膜として実用化されている。

④Cタイプ

この合金系は、図2-18に示すように原子半径も結晶格子も異なり全く溶け合わない。この系は次のDタイプ同様、パーソライド型金属間化合物に属する。めっき皮膜としては、Sn（すず）-Zn（亜鉛）合金めっきがあげられる。

⑤Dタイプ

この合金系は、図2-19に示すように原子半径よりも結晶格子が異なり、また、ある比率になると金属間化合物を形成しやすくなる。めっき皮膜としては、Sn（すず）-Ag（銀）合金めっきやSn（すず）-Cu（銅）合金めっきなどが実用化されている。めっき皮膜の組み合わせとしては、代表的なものとして、Cu（銅）めっき皮膜上のSn（すず）めっき皮膜という組み合わせが実用的に用いられている。この場合、熱履歴による金属拡散に伴う金属化合物の生成とその部分での歪による断層やボイド（空孔）（カーケンダルボイドという）の生成に伴う経時的な"剥がれ"が発生する場合がある。

この合金系に属するFe（鉄）素地上のZn（亜鉛）めっき皮膜の組み合わせやNi（ニッケル）めっき皮膜上のZn（亜鉛）めっき皮膜の組み合わせなど各種実用化されている。この系は急激な熱処理による熱拡散に伴う金属間化合物の生成と歪による断層の発生には密着性の低下を招くことがあるので充分認識しておく必要がある。

以上述べた各種タイプの合金状態図と金属間化合物の形成についての基礎知識は、設計者としてめっき層の組み合わせと層間での拡散により形成される合

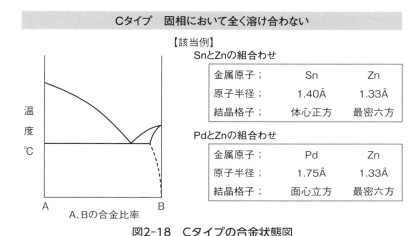

図2-18　Cタイプの合金状態図

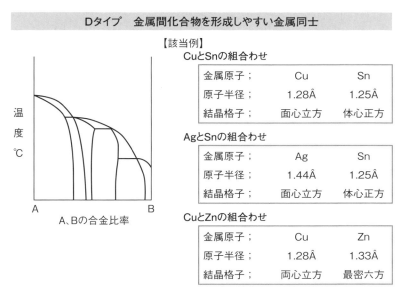

図2-19　Dタイプの合金状態図

金層の品質への影響を考察する場合に極めて重要になってくる。例えば、素材に下層のめっきを施し、上層に異種金属のめっきを組み合わせた多層めっきの場合の拡散現象の概略図を図2-20に示す。

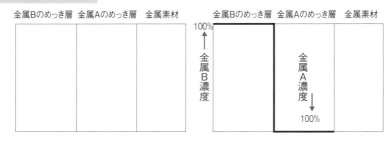

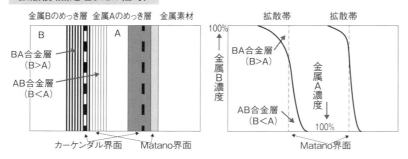

図2-20　金属A、Bの多層めっきと拡散の略図

　金属AおよびBによって形成される拡散帯の合金層が全率固溶体であれば問題ないが、金属間化合物を形成しやすい場合には、その金属間化合物の性質によって接合強度（密着性）に影響がでてくる。例えば、非常に脆い金属間化合物が形成されたり、金属間化合物を形成することによって体積変化が伴って、空格子点やカーケンダル界面に沿ってボイド（割れ目）が形成される、いわゆるカーケンダルボイド（Kirkendal void）が発生する場合がある。従って、めっき層を組み合わせる多層めっきの場合、あるいは合金めっき層を組み入れる場合、全率固溶体型および2相分離型の場合には金属間化合物層などの脆い層を形成しないのでめっき組み合わせとしては望ましいが、金属間化合物を形成する恐れがある組み合わせの場合は、使用目的や使用環境を考慮した密着性を改善する目的での熱拡散は穏やかな拡散を踏まえた条件構築が重要になる。

めっき加工技術による外観・色調（光沢性、耐変色性）

　めっきを施すことによる特性付与として、最大の効果は装飾性の向上にあるといっても過言ではない。もともとめっき加工技術は装飾性の向上を目的に宝飾品へのめっきや装飾部品へのめっきに活用されてきた。ところが"めっきが剥げた"とか"めっきが剥がれた"などというめっきに対するイメージが「偽物」とか「安物」とかというあまりにもひどい状況をつくりだした。これは安かろう悪かろうということにも繋がるものである。その最大の原因は、ジュエリーなど宝飾品を設計する段階、あるいは装飾品を設計する段階での「めっき設計仕様書」の不備にあったと考えている。詳しくは後述するがめっき仕様にめっき種は示されているがめっき膜厚と耐久性の配慮（めっきが剥げたに通じる）およびめっき皮膜の実用的な密着性の配慮（めっきが剥がれたに通じる）が明示されていないものが多いことが問題として指摘できる。

　めっき加工の品質特性についてもう少し掘り下げてみよう。

① **装飾性の向上**；

　設計者として、めっき加工技術による外観（光沢性、耐変色性）装飾性の向上に役割を持つ代表的な処理種を把握しておく必要性を考え、抜粋して図2-21に示す。

　めっき加工により装飾性を向上させるということは、金属光沢を鏡面に近いところまで高め保持することにより重厚感と高級感を具備することができる。その目的で活用されるのが、平滑性（Leveling）のある金属皮膜を電解析出できる光沢剤や添加剤を用いた、下地めっき用の光沢硫酸銅めっきや光沢ピロリン酸銅めっきまたは半光沢ニッケルめっきおよび中間層に施す光沢ニッケルめっきなどが鏡面光沢用として実用化されている。

　ⓐ 光沢硫酸銅めっき；

　プラスチック素材上あるいは金属素材上に鏡面光沢めっきを得るための下地厚付けめっき用としての役割として活用されている。例えば、図2-22に示すようなポリエチレングリコール（PEG）が高電流密度領域での電解析出時に吸着して析出抑制作用を示し平滑化に寄与すると共に光沢・平滑化剤としてヤヌ

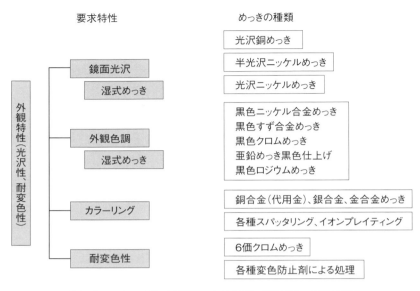

図2-21　めっき加工技術による外観（光沢性、耐変色性）

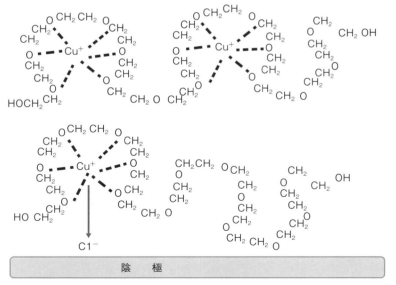

図2-22　POE鎖とCu＋との錯体と銅めっき陰極への吸着モデル

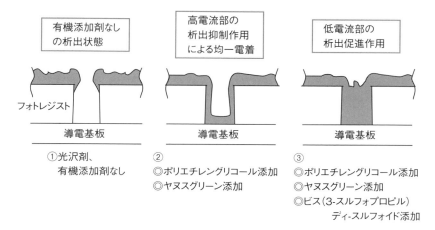

図2-23 硫酸銅めっき浴の有機添加剤の作用概略図

スグリーン（JGB）が鏡面光沢の銅めっき析出に寄与している。

さらに、定電流密度領域での析出促進作用のある例えば（SPS）を添加すると別の用途として図2-23に示すような半導体用基板のビャフィリング用に活用できる。

ⓑ光沢ニッケルめっき；

　光沢ニッケルめっきでは、レベリング効果（平滑化効果）に役立つ図2-24に示すような2次光沢剤（電着時引張り応力を高める）と光沢効果と電着時圧縮応力側に作用するため、図2-25に示すような電着応力緩和効果に役立つ1次光沢剤という2種類の光沢剤が用いられ、バランスよく添加管理されることが必要とされている。

　一般的に電解めっきでは、無光沢のめっき析出時には引張り応力側になり、光沢剤を添加して光沢のめっき析出時には圧縮応力側になる傾向がある。

　また、光沢剤は陰極界面で吸着し、図2-26に示すような陰極還元分解を

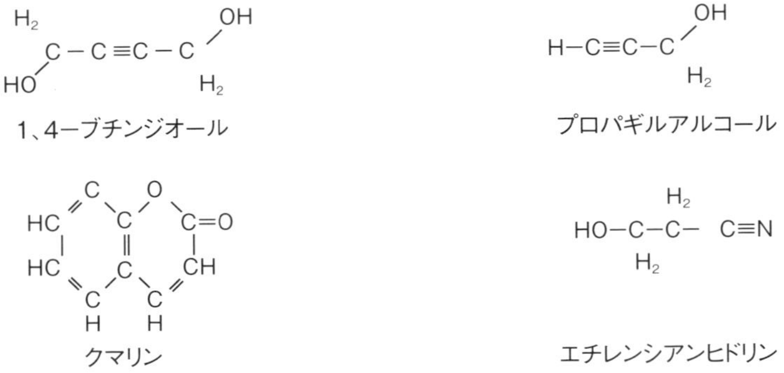

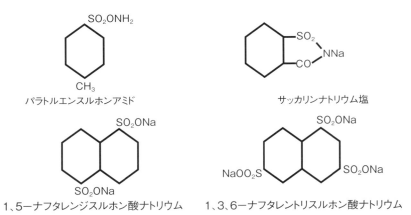

図2-24 光沢ニッケルめっき用の二次光沢剤

図2-25 光沢ニッケルめっき用の一次光沢剤

し、消耗すると同時に分解物が浴中に蓄積する。その他陽極酸化分解する可能性もある。

そこでめっき皮膜の品質確認がJIS規格に規定されている。

その他ピット防止剤としてアニオン型高分子界面活性剤なども添加され、光沢性を含む外観の安定化が図られている。

光沢銅めっきや光沢ニッケルめっき仕上げのままでは、大気中で表面酸化や

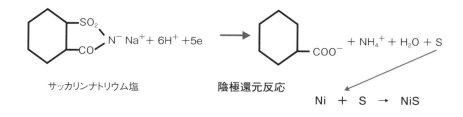

図2-26 一次光沢剤の陰極還元反応

> ここに示すような陰極還元反応は、僅かで析出したNi皮膜中に通常、イオウ(S)として0.05%程度含有されると言われている。

ニッケルめっき皮膜品質確認
　JIS　H　8617（1999）付属書１；めっき皮膜の硫黄含有量測定方法

測定用ニッケル箔の作成；ステンレス板にニッケルめっき約 $8\mu m$ 程度めっきし、はく離
（Ⅰ）燃焼およびヨード滴定法
（Ⅱ）硫化物の生成とよう素酸塩滴定による測定
　①試験片 $1.0 \pm 0.02g$ を正確に計り、50mlのガス発生フラスコに入れ、25mlの水を入れる。
　②補集用フラスコに20mlの水と3mlのアンモニア性硫酸亜鉛溶液を加える。
　③ガス発生フラスコの水が80℃の温度に維持されるようにホットプレートを調整。
　④ガス発生フラスコに15mlの塩酸‐ヘキサクロロ白金酸溶液を添加し、ゆっくりと穏やかに窒素ガスを装置に流す。
　⑤試験片が完全に溶け終わってから、さらに5分間加熱及び窒素の流入を続ける。ガス発生フラスコの頭部から給気管をはずし、捕集用フラスコからガス排気管をはずす。
　⑥1mlのよう化カリウムでんぷん溶液及び5mlの塩酸溶液を捕集用フラスコに加え混合する。直ちに10mlのビュレットを用い、よう素酸カリウム滴定標準溶液によって、青色が出始めるまで滴定する。
　⑦硫黄含有量を硫黄の質量%で求める計算式に当てはめて求める。

光沢ニッケルめっき硫黄含有率は、0.04%以上～0.15%未満を適正とする。

アニオン型高分子界面活性剤のタイプ

①アルキルベンゼンスルホン酸塩型　　　R─⟨⟩─SO_3Na　　$\begin{smallmatrix}R\\R'\end{smallmatrix}$⟨⟩─$SO_3Na$

②α−オレフィンスルホン酸塩型　　　$R-CH=CHCH_2SO_3Na$、　$R-CHCH_2CH_2SO_3Na$
　　　　　　　　　　　　　　　　　　　　　　　　　　　　　　　　$\quad\quad|$
　　　　　　　　　　　　　　　　　　　　　　　　　　　　　　　　OH

③アルカンスルホン酸塩型　　　　　　　$\begin{smallmatrix}R\\R'\end{smallmatrix}CHSO_3Na$

④硫酸アルキル塩型　　　　　　　　　　$R-OSO_3Na$

> ニッケルめっき浴のピット防止剤として、炭素数8〜18程度の例えばラウリル硫酸塩（C=12）や発泡性の少ない②−エチルヘキシル硫酸ナトリウム（C=7）がよく用いられる。また、0.2g／L以上の硫酸ドデシルナトリウムジオクチルスルホサクシナートNa塩添加で陰イオン界面活性剤のミセルを形成し、内部応力の減少など二次的光沢剤の作用を示すと考えられている。

⑤硫酸アルキルポリオキシエチレンエーテル型　　　$R-O(CH_2CH_2O)_nSO_3Na$

⑥石けん型　　　　　　　　　　　　　　　　　　　$R-COONa$

表面腐食が起こり、比較的早い時期から変色や光沢低下が起こってしまう。従って、その光沢面を長期的に保持させる目的から最表面に装飾クロムめっきを有するCu − Ni − CrまたはNi − Crめっきが従来から自動車部品、家電部品および日用雑貨品などに幅広く用いられていて、JIS規格「ニッケルめっき及びニッケル−クロムめっき」（JIS H 8617：国際規格ISO 1456対応）およびJIS規格「プラスチック上への装飾用電気めっき」（JIS H 8630：国際規格ISO 4525対応）に規定されている。

　しかし、6価クロム化合物を使用する従来のクロムめっきは長期曝露に対する耐変色性を含む耐食性、耐久性の実績があるが、近年使用され始めた3価クロム化合物を使用するクロムめっきやすず - コバルト（Sn − Co）合金めっきおよびすず - ニッケル（Sn − Ni）合金めっきなどによる仕上げめっき表面の耐変色性、耐久性については受渡当事者間の協定によるとなっている。従って、設計者として装飾めっき表面の光沢性、耐変色性を長期的に保持したい場合を含め、"めっき設計仕様書"に要求品質を明記しておく必要がある。

　また、鉄素材製品の防食性を高める目的と光沢性を具備する方法として光沢

表2-2 光沢剤に用いられる有機化合物種の例

官能基		該当する主な有機化合物
$-(CH_2CH_2O)n-$	ポリオキシエチレン基	ポリエチレングリコール、他
$-HC=O$	アルデヒド基	アニスアルデヒド、ホルマリン、他
$>C=S$	チオ尿素基	チオ尿素、アリルチオ尿素、他
$-C=C-$	エチレン結合基	クマリン、芳香族誘導体、他
$-N=N-$	アゾ基	アゾ染料、他
$-C\equiv N$	シアノ基	エチレンシアンヒドリン、他
$-C\equiv C-$	アセチレン結合基	ブチンジオール、プロパギルアルコール、他

剤を用いた弱酸性塩化亜鉛めっき浴や光沢ジンケートめっき浴および光沢シアン化亜鉛めっき浴が装飾性と防食性・防錆性の要求度合いから使い分けられている。

これらに用いられる各種めっき浴の主な光沢剤成分として、表2-2に示すような官能基を持った有機化合物があげられる。

電解めっきで使用されている有機光沢剤は、素材表面あらさに対してめっき膜厚を厚く施すことにより表面あらさを微細化し、光沢表面から鏡面光沢表面に仕上げる効果がある。しかし、電解に伴い陰極界面で被めっき物表面に吸着し共析して消耗したり、陰極還元分解したり、陽極界面で酸化分解して液中に不純物として蓄積する傾向がある。

前述したように、本来その光沢面を長期的に保持させる目的から最表面に装飾クロムめっきを有するCu－Ni－CrまたはNi－Crめっきが従来から自動車部品、家電部品および日用雑貨品などに幅広く用いられているが、6価クロムの使用制限から最表面のクロムめっきを省くかまたは3価クロムめっきによる代替めっきが使われたり、それに代わる後処理としての変色防止剤や防錆剤の適切な選択が重要になってくる。

また、設計者として設計品質にめっき仕様を指定する場合、JIS規格に基づくめっき表示において「めっき種」、「めっき膜厚」、「めっき浴のタイプ」を明記するように規定されている。その理由は表2-3に示すように、下地、または

中間あるいは仕上げのめっき層など幅広く使用されているニッケルめっきについて、同じ電解ニッケルめっきでも浴種の違いおよび光沢剤の使用有無などによって得られるめっき皮膜の特性が違ってくるので、設計品質に適合する「めっき種」、「めっき浴のタイプ」および「めっき膜厚」をめっき仕様に示すことは重要である。

②装飾性の向上（カラフルな色調）；

めっき加工により装飾性を向上させるということは、金属光沢を鏡面に近いところまで高め保持することにより重厚感と高級感を具備することだけでない。装飾性としてもう一つ重要なことはカラフルな色調Coloring）を具備させた金属光沢仕上げである。

金属色といえばスチールカラー（銀白色、グレー色）といわれる色調がほとんどであるが、金属の中で黄金色の金、白色の銀、そして赤色の銅だけは特徴のある色を持っている。

これは図2-27に示すように、可視光線の領域において特定波長の反射、吸

表2-3 代表的なめっき浴種によるニッケルめっき皮膜の特性比較

浴種	皮膜特性	皮膜特性の比較	
ワット浴	無光沢めっき浴	皮膜硬さ；150〜200Hv 高電流密度作業可能	柔軟性優良、二次加工性優良 被覆力普通、均一電着性劣る
	半光沢めっき浴	皮膜硬さ；160〜250Hv クマリン誘導体系光沢剤 イオウを含まない皮膜	柔軟性良、二次加工性良 被覆力普通、均一電着性劣る
	光沢めっき浴	皮膜硬さ；300〜400Hv 一次系、二次系光沢剤 イオウを0.05%含む皮膜	柔軟性劣る、二次加工性劣る 被覆力普通、均一電着性劣る
スルファミン酸浴	無光沢めっき浴	皮膜硬さ；200〜300Hv 高電流密度作業可能	柔軟性優良、二次加工性優良 被覆力良、均一電着性良
	半光沢めっき浴	皮膜硬さ；200〜300Hv 硫酸銅めっきに代わる プラスチック上めっき用	柔軟性優良、二次加工性優良 被覆力良、均一電着性良
クエン酸浴	無光沢めっき浴	皮膜硬さ；300〜450Hv 微細組織、無配向	柔軟性やや劣る、二次加工性やや劣る 被覆力良、均一電着性良
	光沢めっき浴	皮膜硬さ；450〜600Hv イオウ含有量少ない皮膜	柔軟性劣る、二次加工性劣る 被覆力良、均一電着性良

収があるためで、ほとんどの金属がだらだらとした反射、吸収があるために特定の色調を持っていない。

　湿式めっき加工法では、単一金属または合金めっきで色調を持たすためには金または銀あるいは銅を用いた合金にすることである。あるいは単一金属または合金だけではないが金属酸化物を含む黒色クロム、硫化物を含む黒色ニッケルなどは、純粋な単一金属または合金以外に金属化合物を含むため、本来の"めっき"という定義からは反するが従来から「黒色めっき加工」と呼ばれている。では、これ以外にカラフルな装飾めっき加工はできないのだろうか？近年、個性化や多彩な要望からカラフルな金属光沢を有する表面処理の需要が多くなってきている。例えば、自動車用エンブレム、建築用品、家電製品、装身具、日用品などがあげられる。

　本来の湿式めっき加工法による単一金属または合金めっき加工では不可能であるが、現在行なわれている表面処理複合技術による"カラーめっき"と呼ばれている加工方法を次に示す。

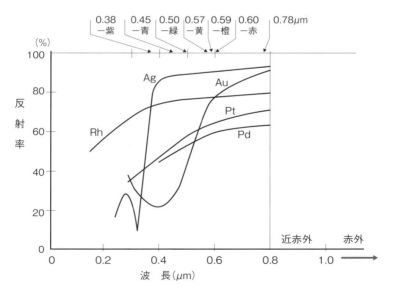

図2-27　主な貴金属の反射率

加工方法①：湿式電解による亜鉛めっき皮膜あるいは溶融亜鉛めっき皮膜を着色処理液に浸せきし、処理液中に含有される特定金属イオンを置換反応などで薄膜形成され干渉色を呈するようにするか、あるいは処理液中の特定染料で染色する。

基本的な工程は次のようなものである。

加工方法②：光沢ニッケルめっきあるいは光沢銀めっき皮膜上に調整された硫化物含有浴に浸せきすることにより、カラフルな硫化化成処理皮膜を形成させ、最上層にクリアコーティングして着色安定化させるものである。

加工方法③：光沢ニッケルめっきなどで光沢を付与させた皮膜上にUV塗装をアンダーコートし、乾燥後、真空蒸着法やスパッタリング法などの乾式法でアルミニウムなどを薄膜形成させ、UV塗装をトップコートするものである。

加工方法④：光の干渉を利用したスパッタリング法によるカラーリングがある。例えば、光沢ニッケルめっきやスパッタによる下地にチタン（Ti）反射層を成膜し、下地との密着性、膜の耐久性など特性を考慮して酸化チタン（TiO_2）をスパッタリングして、その膜厚を変化させることによる光の干渉でいろいろな色調を作ることができると発表されている（参考文献として、表面技術誌Vol.61、No.11、2010「スパッタによるカラーリング技術」参照）。

加工方法⑤：材料固有の色を利用したカラーリングとして、「電子銃溶融型イオンプレイティング装置」、「アーク放電イオンプレイティング装置」を用いて乾式によるチタン（Ti）またはチタン化合物（TiN、TiC、TiCNなど）を成膜することによる各種色調の仕上げをするものである。

金属素材および非金属素材上に装飾用の目的で窒化チタン（TiN）コーティングを有効面に施すことは実績があり、そのために規格としてJIS H 8690

（2013確認）が規定されている。装飾用の目的として、主に時計、装身具、身辺雑貨などに用いられる部品に対して0.05 μmの膜厚から10.0 μmの膜厚まで8段階に分類されている。品質特性としては、外観、耐摩耗性、耐食性などが規定されている。

   外観：外観試験は、「装飾用金および金合金めっき」JIS H 8622の付属書1により、色合い、つや、輝き、など受渡当事者間で協定した限度見本に基づき判定することとなっている。
   膜厚：JIS H 8501に規定する顕微鏡断面試験法または断面を走査型電子顕微鏡で観察し膜厚を求める試験法により判定することになっている。

  その他の特性についても規定されているので、設計者としては、このめっき加工法を採用するときは、設計品質に係るこれら品質特性について"めっき設計仕様書"に限度見本の有無を含め明確にしておく必要がある。

加工方法⑥：光沢ニッケルめっきや光沢亜鉛めっき皮膜上に陰極電解による有色のカチオン電着塗装を行い、焼付け乾燥するものである。

 その他の加工方法も種々考案されているが、いずれも金属光沢を保持しつつ色調を具備させた着色（Coloring）または染色（Dyeing）を特徴とする装飾用複合めっき技術である。いずれのめっき加工法も設計品質として採用するときは、JIS規格で規定されている「ドライプロセス窒化チタンコーティング」の品質評価試験法を参考に"めっき設計仕様書"に記載しておくことは受渡当事者間での機能品質確認において必要なことである。

❸ めっき加工技術による耐食性（防錆、防食）

 設計者として、めっき加工技術による耐食性（防錆、防食）の向上に役割を持つ代表的な処理種を把握しておく必要性があると考え、抜粋して図2-28に示す。

 なぜ金属は腐食するのだろうか？それは自然環境の中で金属は酸化物や硫化

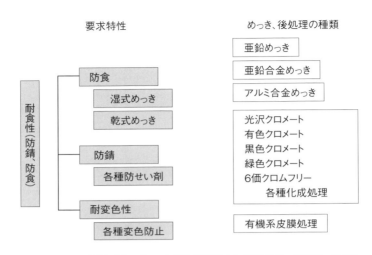

図2-28　めっき加工技術による耐食性（防錆、防食）

物を含む金属化合物の状態が最も安定であり、それに戻ろうとする作用がはたらいている。金属は自然に逆らって人的に還元反応（電気化学反応）を利用して作られたものであり、大気中での経時変化により腐食という現象を介して安定な自然な状態に戻るのである。

つまり、金属は種類によって長短はあるが空気中や水中あるいは地中において酸化反応を介して腐食していく。

金属素材の腐食をできる限り防ぐ目的から素材を合金化したり、防食めっき、防食塗装などの表面改質を行って耐食性の向上を図ってきたのである。

さて、各種金属には錆易いもの、錆難いものなどいろいろある。この傾向は、図2-29に示すように金属のイオン化傾向として示されている。

金属と酸や水との反応において原子化水素を発生しながら金属がイオン化するものを卑な金属（活性金属ともいう）と呼ぶ。それに対して酸の水溶液に含まれる溶存酸素や酸化剤と反応して酸素を消費して金属がイオン化するもの、あるいは混酸（例えば王水）や強い酸化剤と徐々に反応するものを貴な金属（不活性金属ともいう）と呼ぶ。

水素は金属ではないが、水溶液に必ず存在する水素イオンは金属と電子のや

図2-29 主な金属のイオン化傾向の序列

り取りをする基準物質であるため示されている。

金属を溶液中に入れると金属と溶液の界面で電位差が生じる。この反応は、次に示す反応で、

$$M \rightleftarrows M^{n+} + ne$$

金属陽イオンと電子との親和力の弱さにより結合を解離するか、または金属陽イオンと電子との親和力が強くて結合されるかであり、そこに活性化エネルギーという壁が存在していて、界面の電位差次第で電気化学反応性は変化する。

イオン化傾向については、金属の腐食・防食や合金めっきを得るための基礎理論として、たいへん重要であるため、もう少し理解を深めておく必要がある。負の電位が大きいほど、金属陽イオンになりやすく、正の電位が大きいほど、金属陽イオンになりにくく、金属として安定である。但し、金属と溶液との界面に生じる電位は、溶液の種類によって、変化するしイオン化傾向の序列が入れ替わってしまうこともある。あくまでも図2-29は標準電極電位の序列であることに注意しなければならない。参考までに主な金属材料の各種水溶液における電極電位の変化を図2-30に示す。イオン化傾向が存在する理論付けをした説に、ネルンストの電離溶圧説（Nernst's thory of electrolytic solution pressure）というのがある。

例えば、亜鉛や鉄の金属片を電解質溶液に入れると右略図のように、金属は電子と離れて、陽イオン（Zn^{2+}、Fe^{2+}）となって液中に溶け出そうとする。これは、金属と溶液と間の水和力が、金属陽イオンと電子との結合力より強いときで、金属は電子を残して負に帯電し、金属陽イオンが界面に引き付けられて電気二重層を生じる。このような金属は溶液に対して卑な電位をもつ。そのため、卑金属（less noble metal, basemetal）と呼ばれる。それに対して、例えば、銀や金などの金属片を電解質溶液に入れると、右略図のように、金属と溶液との水和力が、金属陽イオンと電子との結合力より弱いとき、溶液中の陽イオンが金属表面に吸着すると共に溶液中の陰イオンが、その陽イオンとの静電気的引力によって界面に引き付けられ電気二重層を生じる。

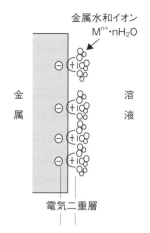

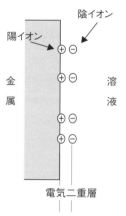

このような金属は溶液に対して正な電位をもつ。そのため、貴金属（noble metal）と呼ばれる。このように金属と溶液との界面に生じる電位を電極電位（electrode potential）または、単極電位（single electrode potential）という。

しかし、実際には図2-30に示す事例のように金属が置かれている環境によって腐食現象が変化していく（単極電位の変化）。

例えば、クロム酸（CrO_3）や重クロム酸カリ（$K_2Cr_2O_7$）溶液の中に金属を浸せきした場合、金属表面に不働態化皮膜（酸化物皮膜）が生じ、その酸化物皮膜が金属と溶液（環境）の界面に形成されることにより、それが緻密で化学的に安定なものであれば不働態化したといわれ、腐食の進行が妨げられる。

一般的に、金属表面の腐食が社会的問題となるのは、金属を酸やアルカリという厳しい環境に置いたときの現象ではなく、人の生活環境の中で空気中の水分（湿気）、塩分、溶存酸素、堆積付着する粉塵とさらに気温、あるいは稀に

第2章　設計者のための基礎知識（その1）めっきの役割と機能

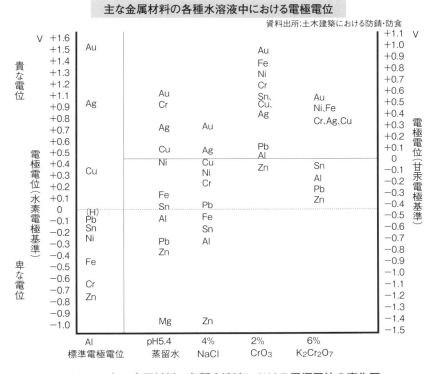

図2-30　主な金属材料の各種水溶液における電極電位の変化図

起こる腐食性ガス雰囲気などが僅かに存在する中で長時間かけて起こる腐食問題が圧倒的に多い。

　表面を鏡面仕上げし、汚れを清浄化した金属素材を腐食環境に曝露した場合、金属素材の種類や腐食環境の状態によって金属表面に次のような変化が生じる。
①表面に目視観察でははっきり判別できない変化：
　　金属表面に腐食生成物の目視観察ができないか、あるいはナノレベルの僅かな金属化合物が生成されるのみで表面変化が観られない状態である。
②金属表面に僅かな変色が観られる程度の変化：
　　これは表面に僅かな金属化合物の腐食生成物ができた状態でそれ以上腐食進行が観られない状態である。

③金属表面に深い腐食孔が点在する局部腐食変化；
　これは表面の腐食生成物が強固に残留する場合、錆が一種のバリアーとなって腐食の進行を遅くさせるが、生成した錆がすぐ脱落して腐食孔が現れてしまうとさらに腐食がその部分で進行してしまい深さ方向と横方向へ腐食孔が拡大する局部腐食と呼ばれる状態である。

④金属表面に腐食生成物が残留するしないよりも全面に腐食跡が多発する変化；
　これは腐食環境中に腐食生成物が溶解していく状態が生じる場合に観られる全面腐食と呼ばれる状態である。

　以上のように金属表面に発生する腐食の程度は各種各様であり、特に全面腐食や局部腐食は機能特性保持上避けなければならないが、①，②の場合のように外観低下となる軽い腐食でも短時間に発生する場合は、対策を考えなければならない。

　このような単一金属表面の腐食変化に対して、ある金属素材上に異種金属のめっき皮膜を積層する一般的な電解めっきや無電解めっきの場合、めっき皮膜の膜厚は通常厚付けして20〜30μm程度、薄付けであれば数μm程度という場合が多い。

　設計上、部品（めっき加工品）同士を組み付けた場合、例えばニッケルめっき品と金めっき品など異種金属が接触することがある。その場合の腐食について考えてみる。

　ニッケルめっき部品と金めっき仕上げ部品が部品構成上接触する場合、イオン化傾向の大きい卑な金属に属するニッケルめっき品が負極となり、貴な金属に属する金めっき品が正極となる異種金属接触電池が形成され、負極のニッケルめっき品側でアノード反応（酸化反応）が起き、正極の金めっき品側でカソード反応（還元反応）が起きることからニッケルめっき品側から金めっき品側に腐食電流が流れ、ニッケルめっき品側にニッケル金属溶解腐食が発生する。

　また、別のケースとして、すき間腐食というのがある。金属素材上のめっき品と非金属との接触部あるいはめっき品と異物付着物とのすき間において"すき間腐食"が発生する。

1．電気化学反応による腐食の説明

いま右略図のように、例えば、Aはイオン化傾向の小さい金属（銅）とし、Bはイオン化傾向の大きい金属（亜鉛）として、A,Bを電解質溶液に入れて、液外で両端を導線でつなぐと、電流が導線を通ってAからBに流れる。

これは、B（亜鉛）の原子が電子と離れて亜鉛陽イオンとなって溶液中に溶け、電子は導線を伝わって、BからAに移動したから電流が流れたのである。この場合、陽極側（anode）に

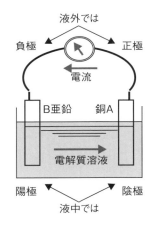

なる金属B（亜鉛）は、単独で液中に浸せきした場合よりも激しく腐食され、陰極側（cathode）になる金属A（銅）は、腐食が防止される（もちろん、亜鉛と銅を液中で直接接触させても同様の結果になる）。

①局部電池のいたずら

金属に不純物が混入していた場合、合金にした場合、表面に傷がある場合、あるいは応力歪みが内在している場合などの影響を受け、金属表面に不均一な部分ができていると、その部分に電位差が発生する。

電位差は、次のような要因によって発生するものである。

　　　　①不純物など金属種の違いによるイオン化傾向の大小
　　　　②歪みの大きい箇所と小さい箇所の境界
　　　　③結晶粒子の大きさの違いとその粒界

電位の高低によって、局部カソード（正極）と局部アノード（負極）ができ、局部電池が出来上がり、その部分で局部腐食（local action）が発生する。

黄銅素材の場合に起こる、<u>脱亜鉛現象</u>（de-zincing phenomena）も局部腐食に属し、イオン化傾向の大きい金属（亜鉛）とイオン化傾向の小さい金属（銅）との合金において、局部電池が生じ、亜鉛が優先的に腐食溶解される現象である。

このように、腐食・防食に対する"局部電池のいたずら"は重要な役割を果たしている。

②めっき品の腐食・防食

　めっきの役割には、素地金属の腐食を防止するという役割とめっき製品の表面を美しく保ち価値を持続させるという役割があることは周知のことである。そのために各種の表面処理技術が開発されている。

　一般的に"防食めっき"とはいうが"防錆めっき"とは言わない。防食と防錆とはどのような違いがあるのだろうか？JIS・Z・0103「防錆防食用語」をみてみると、次のように示されている。

　　防食（Corrosion　Prevention）：金属が腐食するのを防止すること
　　防錆（Rust　Prevention）　　：金属にさびが発生するのを防止すること
　　腐食（Corrosion）　　　　　　：金属がそれを取り囲む環境物質によって
　　　　　　　　　　　　　　　　　化学的または電気化学的に侵される現象
　　さび（Rust）　　　　　　　　：金属表面にできる腐食生成物

腐食という現象とそれによって生成された腐食生成物（さび）をそれぞれターゲットにして防止する技術（処理）を防食技術および防錆技術という。

　素材の腐食を防ぐ、いわゆる防食の目的でめっきを施し、製品表面のさびを防ぐ、いわゆる防錆の目的で表面を改質すると考えると理解しやすい。従って、防食めっき技術とは防錆処理技術ということになる。

　さらに、別の観点から耐食性を目的としためっき方法として分類されているのは、次の2種類である。

　　①犠牲型防食めっき方法：素地金属より卑な金属を被覆させ、めっき皮膜
　　　と素地金属との界面で生ずる局部電池作用によりめっき皮膜自体が腐食
　　　して素地金属を防食する方法
　　②バリア型耐食めっき方法：素地金属より貴な金属を被覆させ、その金属
　　　の具備している耐変色性、耐薬品性など、化学的に被覆表面の腐食生成
　　　を防ぐ方法

　①の場合の代表的な例として、トタン鋼板（鉄素材上の亜鉛めっき）があげられ、腐食環境に置かれた場合、亜鉛めっき皮膜が優先的に腐食溶解しながら鉄素材がカソード化し保護するという腐食・防食機構である。湿式めっき浴種としては、表2-4のように各種あり、それぞれの皮膜特性に多少の違いがみら

第2章 設計者のための基礎知識（その1）めっきの役割と機能

表2-4 代表的なめっき浴種による亜鉛めっき皮膜の特性比較

浴種	皮膜特性	皮膜特性の比較	
酸性浴	硫酸亜鉛浴	皮膜硬さ；50～70Hv 高電流密度作業可能	柔軟性優良、二次加工性優良 被覆力劣る、均一電着性劣る
	塩化亜鉛浴 （アンモニウム浴） （カリウム浴） （アンモン・カリ浴）	皮膜硬さ；90～100Hv 水素脆性の低い皮膜 鋳鉄材や高張力鋼材上へのめっきに適している。	柔軟性小、二次加工性劣る 被覆力普通、均一電着性劣る
	ジンケート浴	皮膜硬さ；110～140Hv パイプ状、複雑形状、ボルトナット類上へのめっきには適している。	柔軟性小、二次加工性劣る 被覆力優良、均一電着性優良
	シアン浴 （低、中、高濃度浴）	皮膜硬さ；60～80Hv 一般プレス部品全般へのめっきに適している。ウィスカー発生しにくい。	柔軟性優良、二次加工性優良 被覆力普通、均一電着性普通

> 非シアン浴のジンケート浴が普及したことにより排水処理の問題が軽減され、アジアを中心に海外でもめっき加工が可能になった。

れる。

この場合、例え鉄素材まで達するピンホールなど欠陥があっても素地を腐食から守る局部電池反応が起こる。従って、鉄素材の腐食は上層の亜鉛めっき皮膜が腐食溶解して脱落するまでの時間で決まり、亜鉛めっきの膜厚に左右される。そのため屋外構造物にはJIS H 8641に規定されている溶融亜鉛めっきおよび日本溶融亜鉛鍍金協会が規定する溶融亜鉛・5％アルミニウム合金めっきが実用化されている。

湿式めっきによる亜鉛合金めっき種としては、図2-31に示す亜鉛合金めっき種が実用化されている。

亜鉛合金めっき種の中でも亜鉛・ニッケル合金めっき種は、図2-32に示すようにニッケルの含有率により犠牲的な亜鉛の腐食による白錆発生の抑制に富み、優れた防食めっきとして実用化されている。

②の場合の代表的な例として、ブリキ鋼板（鉄素材上のすずめっき）があげられ、すずめっき皮膜に欠陥が無ければバリアとなる。しかし、すずめっき皮膜にピンホールや傷がある部分、あるいはめっき皮膜が磨耗した部分などから

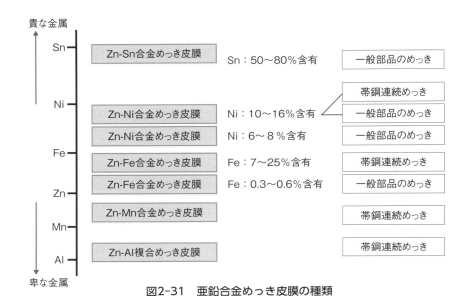

図2-31 亜鉛合金めっき皮膜の種類

は腐食が起こり鉄素材がアノード溶解してしまうという腐食・防食機構である。従って、バリア層になる上層めっきの膜厚と下地面の表面あらさ（最大あらさ）にバリア層の欠陥有無が左右される。

図2-33からわかるように、犠牲防食型めっきの場合は、現象的にみて、めっき膜厚によってめっき皮膜の腐食溶解に伴う素地露出までの耐久時間が異なるため、素地表面の影響よりもめっき膜厚の影響を大きく受ける。

バリア型耐食めっきの場合は、素地の腐食が優先するので、めっき皮膜の厚さが重要であるが素地表面の影響によるピンホールや欠陥部の素地露出の影響を大きく受ける。従って、素地表面の粗さや欠陥部の修正を優先することが重要で、次にめっき膜厚を厚くすることを考えるようにするとよい。一般的には下地表面あらさ（最大あらさ表示）の5倍以上のめっき膜厚がなければピンホールや欠陥部を皆無にすることはできない。

「例」 自動車部品の防食・防錆

　自動車部品の犠牲型防食めっき方法については亜鉛めっきおよび亜鉛合金

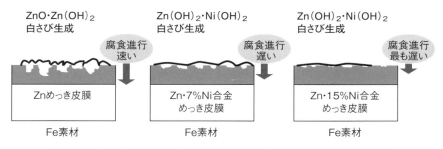

図2-32　Zn・Ni合金めっき皮膜とZnめっき皮膜の白さびの違い

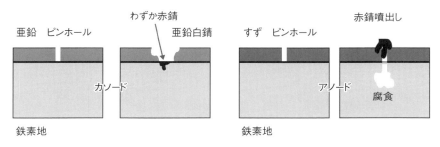

図2-33　犠牲型防食めっきとバリア型耐食めっきの概略図

めっきが実用化されており、亜鉛めっきについてはJIS H 8610（国際規格ISO 2081に対応）に準ずるかあるいは自動車メーカー各社の社内規格に基づいてめっき加工部品が調達されている。しかし、現在では鉄鋼素材上のカチオン電着塗装処理が亜鉛めっきの代替として設計品質に加えられている。この点については後述するとして、もう一つのバリア型耐食めっき方法に分類される、二重ニッケル、三重ニッケルおよびマイクロポーラスクロムめっきなど自動車部品の防食・防錆プロセスは、やはりJIS H8617に規定され、また自動車メーカー各社の社内規格が確立している。各社規格の基本は鉄鋼素材の表面粗さをバフ研磨などの表面調整（＃180～＃270エメリーバフ仕上げ）を行って最大粗さ（Rz）で2～3μm程度に素材表面を調整した上に二重ニッケル、三重ニッケルめっき15μm以上（素材粗さの5倍以上の膜厚）を施して耐食性を高めるめっき仕様である。課題としては、コスト面と6価クロム化合物を使用する装飾クロムめっきの最終仕上げが不可欠なことである。まだ3価クロム化合

物を使用する装飾クロムめっきの代替実績としてはJIS規格化されるまでには至っていないのが現状である。

「例」電子機器、通信機器部品の防食・防錆

　機能面と軽量化の要求が先行していたため、一般的に下地ニッケルめっき膜厚が薄く（3～5μm程度）かつ最上層のめっきが貴金属表面でかつ薄膜形成となり防食・防錆についてはこれからの課題が多い。特に使用環境が以下のように千差万別である点が大きく影響している。
　①屋内一般、②屋外一般（太陽と風雨に曝される一般地域）、
　③熱帯湿地（高温多湿地域）④海岸地域、⑤化学工業地域
防食・防錆計画を立て設計する場合、次のような点を考慮する必要がある。
　　①素材の選定；素材とめっき皮膜の組合せおよび素材表面粗さの選定
　　②防錆処理の選定：めっき等表面処理との組合せ（複合化）
　　　　電子・弱電部品の防食めっき技術には、重要な役割をもつ機能性に加え、防食・防錆を考慮しためっきの組合せおよび適切な金属材料を選定することが、長寿命化とリサイクル化社会において必要である。
　　③機器類の使用環境における防食・防錆の保証期間
　　（a）はんだ付け部、配線　　：部品交換を容易にしたコネクターなど中継部分
　　（b）高密度実装による発熱　：放熱のため密封しにくい
　　（c）雰囲気に敏感な電気特性；銅、銀の硫化物による絶縁ニッケルの海塩粒子による腐食

2．腐食雰囲気と耐食性加速試験方法

　金属の湿式環境での腐食は、大別すると2つの型式に分類できる。
　a）水素発生型の腐食；希塩酸、希硫酸溶液中における、Fe、Zn、Niなどの溶解、または、食塩水溶液中におけるMg、あるいは、アルカリ水溶液におけるAlなどの溶解など、卑金属の腐食がこれに該当する。

〔例〕Fe + 2HCl → Fe^{2+} + 2Cl$^-$ + H$_2$ ↑

b）酸素消費型の腐食；溶存酸素を含む塩酸溶液や酸化剤を含む硫酸溶液中における銅の腐食溶解など、貴金属の腐食がこれに該当する。

〔例〕Cu + 2HCl $\xrightarrow{(O_2)}$ Cu^{2+} + 2OH$^-$ + 2Cl

腐食は、腐食液のpHや酸化性、還元性といった性質によって大きく影響される。

そこで、JIS規格では、めっきの耐食性試験方法を次のように定めている。(JIS・H-8502)

   （腐食雰囲気）   （耐食性試験方法）
① 中性の食塩水（5% NaCl、pH7.1） 中性塩水噴霧試験方法
② 酸性の食塩水（5% NaCl、pH3.0） 酢酸酸性塩水噴霧試験方法
③ ②に塩化第二銅をさらに加えた液 キャス試験方法
④ 酸性の酸化性泥状付着液（pH2.85） コロードコート試験方法
⑤ 還元性の二酸化硫黄ガスと湿気 二酸化硫黄試験方法

めっきでは腐食問題が一つのトラブルとして常に気を付けなければならないことなので、もう少し説明を加える。参考として、下記に腐食の分類を示す。

腐食の形態には、全面腐食と部分腐食に分類でき、通常発生する腐食はほとんどの場合部分腐食に該当し、その程度からいろいろな実用的改善が試みられている。

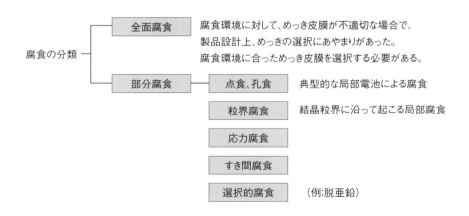

3．防錆・防食方法

腐食の原因を探求して防錆・防食手段を確立させることは、そう簡単なことではない。

しかし、あまりコストをかけない状態でよりよくするための防錆・防食方法について、単純化して整理しておくことは理解しやすいと考える。

単純化した防錆・防食方法を列記してみると次のようになる。

①付着型抑制剤、例えば、金属表面に化学吸着または物理吸着する化学物質を選定し、処理することにより腐食環境から金属を隔離する方法。次に示す種

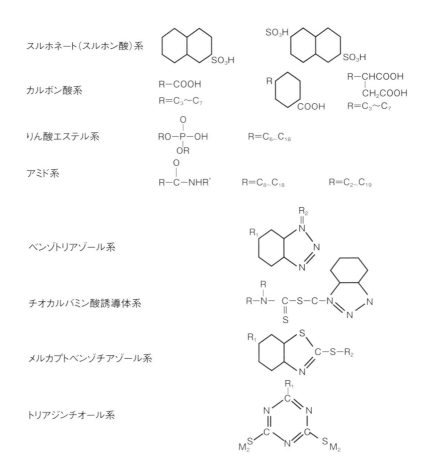

類の化合物は一例ではあるが、防錆剤といわれるものであり、鉄素材をベースとする錆び止め剤である。例えば、鉄系リードフレームの足を曲げたときのクラックからの腐食防止に使われる高分子付着型防錆剤である。

さらに、バリア型耐食めっきの封孔剤として、よく貴金属の封孔処理などに使用される有機吸着型防錆剤がある。

②気相型抑制剤、例えば、腐食環境が大気質である場合で、金属を腐食抑制ガス雰囲気中に保存する方法。腐食関与物質を除去するなど、腐食環境を変化させる方法。

③合金にして、例えば、不動態化しやすい構造に変化させるなど、耐食型にする方法。

④皮膜形成型抑制剤、例えば、クロメート皮膜やクロム酸処理による人工的酸化皮膜などを金属表面に形成させ、耐食性を高める方法。

以上の中で最も一般的に利用されているのが、①に示した方法および②に示した方法である。

例えば、金めっき製品の場合で、金めっき膜厚が極めて薄い、0.5μm以下ではめっき表面にピンホールが多数あり、下地ニッケルが露出している。このような状態では、腐食環境に曝された場合、前出の図2-33に示したバリア型耐

表2-5 腐食欠陥の種類およびその形態

腐食欠陥の種類	腐食の形態
ピット状の腐食	素地金属まで達している小さな孔状の腐食
素地の腐食によるしみ	素地金属の腐食から生じる汚れ
りん片状のはく離	めっきがはく離して容易に除去される状態
こぶ状の腐食	素地金属の腐食生成物が盛り上がった状態 (比較的大きな腐食孔から生成される)
樹脂状の腐食	腐食孔などから腐食生成物が広がって、小さな枝状を呈するもので、"からすの足跡"とも呼ばれる。
ふくれ	素地金属、または中間のめっきの腐食によってめっきが部分的に盛り上がった状態
めっき皮膜の割れ	めっきの前面、または一部分に発生するひび割れで、素地金属まで達するもの

食めっきで起こる局部電池が形成され、下地ニッケルが選択的に腐食溶解されてしまう。

　そこで、封孔処理と称する前記①あるいは②、または、①＋②の複合型防錆・防食方法が利用されている。場合によっては、クロム酸系の陰極電解封孔処理、または、りん酸を含む陽極電解封孔処理が、電子工業部品や装飾部品に利用される。参考までにJIS・H-8502に分類されている腐食欠陥の種類及びその形態について、表2-5に示す。

切削品（SK材）の表面のあらさと無光沢ニッケルめっき

加工素材表面のあらさ；最大粗さ＝2.29μm

上の素材に無光沢ニッケルめっきを平均5μm施したもの

切削品（SK材）上の無光沢ニッケルめっき品
中性塩水噴霧試験24時間後の腐食状態

無光沢ニッケルめっきを平均5μm施した後アミド系のサビ止め処理を行ったもの

無光沢ニッケルめっきを平均5μm施したまま

後処理としての防錆剤を施した場合の効果について実施例を示すと次のようになる。

SK材を切削加工した場合で素材の最大表面あらさ（Rz）が2.3μm部品について無光沢ニッケめっきを5μm施した場合の中性塩水噴霧試験における耐食性の状態を観察した結果と市販品の防錆剤（上記に示したアミド系の錆止め剤と同様品）を施したものとを比較してみたものである。

さらに追加として快削黄銅材について同様に適切な防錆剤による効果および

切削品（快削黄銅材）の表面のあらさと無光沢ニッケルめっき

加工素材表面のあらさ；最大粗さ＝1.89μm

上の素材に無光沢ニッケルめっきを平均5μm施したもの

切削品（快削黄銅材）上の無光沢ニッケルめっき品
中性塩水噴霧試験24時間後の腐食状態

無光沢ニッケルめっきを平均5μm施した後BTA誘導体で変色防止処理をしたもの

無光沢ニッケルめっきを平均5μm施したまま

金めっき品の封孔処理剤の種類と効果についても確認してみた。

量産の中で観られる事例を次に示す。これは快削黄銅材を用いた切削加工ロットから抜き取って表面粗さを計測した時の結果である。設計図に形状と加工方法のみ記載されている場合が多いので、切削加工された面の表面粗さについて指定されていないと切削加工条件管理が加工優先になり表面粗さのばらつきが大きくなる。

その結果、ロットによって下記のようなばらつきが生じ、同じめっき仕様で

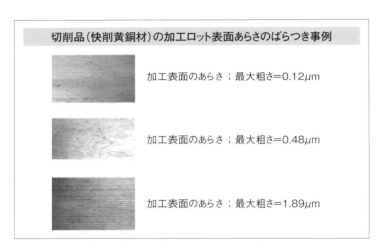

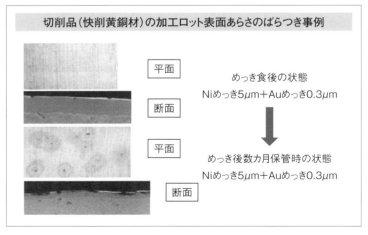

めっき加工したにも関わらずめっき膜厚と表面粗さのミスマッチからピンホールが生じ保管時に腐食発生が起こり下記に示すトラブルが発生する。

このようなトラブルを回避するためには、素材表面粗さをニッケルめっき膜厚 5 μm でピンホールを皆無にさせる最大粗さ（Rz）1 μm 以下に素材表面を仕上げる切削加工管理を行う必要がある。さらに金めっき後の適切な封孔処理も設計品質（ねらい品質）の要求度合によっては必要になる。

4 各種機能特性に適しためっき種

機能性の向上に対するめっき加工の役割について考えてみる。

1．機能性の向上

めっき加工の役割として、弱電、電子部品で要求される電気的特性、接合特性、磁気特性などの向上を図ったり、車載や機械部品で要求される機械的特性、熱的特性などの向上を図ったり、あるいは光関係の部品では光特性の要求など、幅広い機能性の向上がある。それぞれについて、めっき加工は大きな役割を果たしている。

ここではいくつかの主な特性について、めっき加工の役割をまとめてみる。

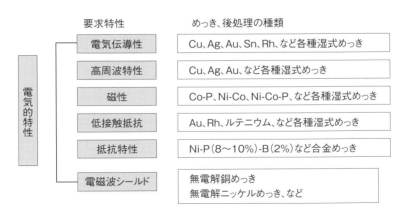

図2-34　めっき加工技術による電気伝導性など電気的特性

表2-6　代表的な貴金属めっき皮膜の特性と用途比較（その1）

皮膜特性	浴種	皮膜特性と用途の比較	
Auめっき皮膜	弱酸性浴	軟質金と硬質金がある。 硬質金皮膜硬さ；150～200Hv	電気伝導性、耐食性、低接触抵抗 高周波特性、耐摩耗性
	中性浴	純金、装飾合金 合金皮膜硬さ；200～300Hv	電子機器用途、ワイヤボンディング用 宝飾品など装飾性、耐食性、耐薬品性
	アルカリ シアン浴	装飾色付け、装飾合金 合金皮膜硬さ；150～300Hv	宝飾品など装飾性、耐食性、耐薬品性
	アルカリ 亜硫酸塩浴	純金、装飾合金がある。 合金皮膜硬さ；150～300Hv	宝飾品など装飾性、耐食性、耐薬品性 電子機器、工業用
Agめっき皮膜	非シアン浴	軟質銀、高速部分銀用 皮膜硬さ；50～150Hv	電気伝導性、低接触抵抗 潤滑性、高周波特性、耐熱性
	アルカリ シアン浴	軟質銀と硬質銀がある。 硬質銀皮膜硬さ；100～150Hv	電気伝導性、低接触抵抗 潤滑性、高周波特性、耐熱性

(a)電気的特性

　めっき加工は各種金属を被覆することから、電気的特性は最も期待されるところである。電気的特性には、図2-34に示すようにⓐ電気伝導性、ⓑ接触抵抗、などがある。

　ⓐ電気伝導性；弱電・電子部品などにおいて、めっき皮膜を適切に選定して良導体として用いる場合、めっき皮膜の電気伝導性（電気抵抗が小さいこと）の良さと安定性が重要になってくる。主な金、銀めっき浴種を表2-6に示す。

　金属の電気抵抗は理論値に対して、実際は、結晶格子の乱れ、空孔や転位、結晶粒界と不純物などの影響を受けて変化する。一般的に、めっき加工により得られた金属皮膜は、冶金学的に得られた金属に比べて、電気抵抗は高くなる傾向にあるといわれている。

　その原因として考えられることは、めっき加工されて析出した金属結晶は一般的に微細化しており、その結果、微細結晶粒界が多くなり電気抵抗が増加すると考えられる。また、空孔の発生やめっき表面粗さの影響も電気抵抗を高める方向に作用すると考えられる。したがって、電気伝導性については、めっき加工後、雰囲気炉での熱処理による欠陥の修復を図る方法もある。

　ⓑ接触抵抗；コンタクト、ソケット、スイッチなど静的接点、動的接点など

第 2 章 設計者のための基礎知識(その 1)めっきの役割と機能

の部品に対するめっき加工の
役割は多い。例えば、図2-35
に示すように、互いにめっき
加工された部品を接触させる
場合、そこに電流を流すと
めっき皮膜の接触面で抵抗が
存在し電圧降下が起こる。

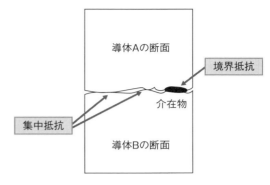

図2-35 導体の接触抵抗

そのときの抵抗を接触抵抗
という。接触抵抗は、集中抵
抗と境界(皮膜)抵抗の和に
なる。

境界(皮膜)抵抗を極力小さく保つ役割でめっき加工が施される。一般的には、表面酸化されにくい金めっき皮膜が用いられる。その場合、金めっきの膜厚と下地金属の拡散を考慮してニッケルめっきを下地に施すことが行なわれている。金めっき膜厚 1 μm 程度あるいはそれ以下でその効果が期待でき、費用

表2-7 代表的な貴金属めっき皮膜の特性と用途比較(その2)

皮膜特性	浴種	皮膜特性と用途の比較	
Ptめっき皮膜	ジニトロ硫酸浴	2価の白金錯体 皮膜硬さ;400～500Hv	耐食性、耐変色性 航空機部品、電極、など工業用
	ジニトロジアミン浴	2価の白金錯体 皮膜硬さ;400～500Hv	耐食性、耐変色性 航空機部品、電極、など工業用
	ヒドロキシアルカリ浴	4価の白金錯体 皮膜硬さ;400～500Hv	耐食性、耐変色性 航空機部品、電極、など工業用
Pd皮膜めっき	アンミン錯体浴	純Pd、Pd合金がある。 合金皮膜硬さ;300～400Hv	電子機器、工業用 耐摩耗性、耐食性、低接触抵抗用
Rhめっき皮膜	硫酸酸性浴 リン酸、硫酸浴	薄付けめっき用 皮膜硬さ;800～1000Hv	電子機器、光学機器部品、工業用 耐摩耗性、耐食性、低接触抵抗用
	スルファミン酸浴	厚付けめっき用 皮膜硬さ;900～1000Hv	電子機器、光学機器部品、工業用 耐摩耗性、耐食性、低接触抵抗用
Ru皮膜めっき	スルファミン酸浴	Ru化合物不安定、 皮膜硬さ;800～900Hv	Rhより摩耗抵抗は優れている。 耐摩耗性、耐薬品性、スイッチ特性用

対効果は大きい。その他に銀めっき、白金（Pt）めっき、パラジウム（Pd）めっき、ロジウム（Rh）めっき、ルテニウム（Ru）めっきなど貴金属めっきが役割を果たしている。主な貴金属めっき浴種を表2-7に示す。

(b) **機械的特性**

機械的特性としては、図2-36に示すようなⓐ表面硬さとⓑ耐摩耗性が要求される。

ⓐ表面硬さ：硬質クロムめっきで代表されるように、一般的にめっき加工により得られる皮膜は、析出時の内部応力により、冶金学的に得た金属表面に比べて硬くなりやすい。その特徴を利用して硬質クロムめっきや各種合金による硬質めっきが開発されている。主なクロムめっき浴種を表2-8に示す。

ⓑ耐摩耗性：機械部品の多くは、部品同士が擦れ合い、転がり合って摩滅していく。したがって、このような摩耗に耐える金属表面を得ることは重要である。

摩耗には切削摩耗、凝着摩耗、腐食摩耗、疲労摩耗など、さまざまな現象がある。したがって、表面硬さ、表面粗度、油潤滑性、放熱性、耐熱性など、耐摩耗性を高めるために被めっき物の素材改質とめっき加工皮膜の耐摩耗性改善という両面からのアプローチが必要になる。現在、多用されているのは、硬質

図2-36　めっき加工技術による耐摩耗性など機械的特性

表2-8　代表的なめっき浴種によるクロムめっき皮膜の特性比較

浴種	皮膜特性	皮膜特性の比較
6価クロム浴	サージェント浴	皮膜硬さ；750〜900Hv　　電流密度　15〜30 A／dm²作業 クロム酸と硫酸の基本浴組成であり、半光沢状の仕上がり。 電流効率10〜15%、大きめのクラックが発生、無めっき部素地荒れ無し
6価クロム浴	混合触媒浴	皮膜硬さ；800〜1000Hv　　電流密度　15〜50 A／dm²作業 触媒に硫酸根と珪ふっ化物を混合し電流効率を高める。 電流効率20〜25%、中程度のクラックが発生、無めっき部素地荒れ有り
6価クロム浴	HEEF浴	皮膜硬さ；800〜1100Hv　　電流密度　15〜70 A／dm²作業 触媒に硫酸根と有機物触媒を混合し、ふっ化物を含まないめっき浴 電流効率20〜25%、最も細かいクラックが発生、無めっき部素地荒れ無
3価クロム浴	シングルセル方式	皮膜硬さ；600〜750Hv　　電流密度　5〜20 A／dm²作業 錯塩浴、装飾クロムめっき用の用途が多い。 被覆力良、均一電着性良、
3価クロム浴	ダブルセル方式	皮膜硬さ；600〜700Hv　　電流密度　3〜8 A／dm²作業 錯塩浴、装飾クロムめっき用の用途が多い。 被覆力良、均一電着性良

表2-9　代表的な無電解めっき浴種によるめっき皮膜の特性比較

浴種	皮膜特性	皮膜特性の比較
ニッケル・りんタイプ	低りんタイプ (P%=2〜4%)	(磁気特性) ・析出時は磁性あり ・熱処理後は磁性あり 耐食性(塩水噴霧)；やや劣る はんだ付け性；良好　　　　(皮膜硬度) ・析出時は、700Hv ・熱処理後は、(300℃×1Hr)900Hv 耐摩耗性；良好 耐酸性；劣る　耐アルカリ性；良好
ニッケル・りんタイプ	中りんタイプ (P%=6〜8%)	(磁気特性) ・析出時は弱磁性あり ・熱処理後は磁性あり 耐食性(塩水噴霧)；良好 はんだ付け性；やや劣る　　(皮膜硬度) ・析出時は、500〜600Hv ・熱処理後は、(400℃×1Hr)900Hv 耐摩耗性；やや劣る 耐酸性；良好　耐アルカリ性；良好
ニッケル・りんタイプ	高りんタイプ (P%=11〜13%)	(磁気特性) ・析出時は、非磁性 ・熱処理後は、非磁性 耐食性(塩水噴霧)；優秀 はんだ付け性；やや劣る　　(皮膜硬度) ・析出時は、400〜500Hv ・熱処理後は、(400℃×1Hr)900Hv 耐摩耗性；やや劣る 耐酸性；優秀　耐アルカリ性；劣る
ニッケル・ボロンタイプ (B%=1〜3%)		(磁気特性) ・析出時は、強磁性 耐食性(塩水噴霧)；やや劣る はんだ付け性；良好　　　　(皮膜硬度) ・析出時は、700〜800Hv 耐摩耗性；やや劣る 耐酸性；劣る　耐アルカリ性；良好

クロムめっき、無電解Ni-P合金めっき、無電解Ni-B合金めっきなどである（これらのめっき皮膜は水素脆化しやすい）。

主な無電解Niめっき浴種を表2-9に示す。

機械部品の機械的特性においてバネの折れや部品破断など悪影響を与えるめっきの水素脆性について考察することは品質レベルアップを目指す上で重要である。

特にめっきを施した鉄鋼製品に水素脆性を引き起こすことがあり、その機械部品を使用中に破断する事故が発生する危険性がある。

JIS規格に記載されている水素脆性の定義から、水素脆性とは前処理およびめっき処理の工程で被めっき物の素材中にあるいはめっき皮膜中に原子状水素が吸蔵され、被めっき物に破断を伴う欠陥あるいはめっき皮膜が脆く延性の低下、クラック発生という現象を引き起こす元になると説明されている。

この現象は前処理工程の酸洗いおよびめっき工程中での水素吸蔵や内部応力特に引張り応力の存在が影響して機能品質の欠陥を招くというものである。

機械部品例えば航空機部品や自動車部品では、高強度鋼が多く使われ、水素脆性問題に悩まされ易い。

この問題は湿式めっきに限定されるものではなく、溶融めっきあるいは乾式めっきにおいても脱脂、錆取りなど前処理工程では湿式での処理が必要であるため、いずれにおいても水素脆性問題は存在する。

２．水素脆性はなぜ起こるのか？

水素脆性の要因として、めっき工程内での水素発生があげられる。

例えば、前処理の酸洗工程において、表面にスケールと呼ばれる酸化鉄（FeO、Fe_2O_3）が存在する鉄鋼素材を塩酸で酸洗い処理した場合、次のような反応が起きる。

① $FeO + 2HCl \rightarrow Fe^{2+} + 2Cl^- + H_2O$
② $Fe_2O_3 + 6HCl \rightarrow 2Fe^{3+} + 6Cl^- + 3H_2O$

という酸化物の溶解反応が起こり、酸化皮膜が除去された後に次の反応が起きる。

③ Fe ＋ 2HCl → Fe^{2+} ＋ 2［H］＋ 2Cl$^-$

ここで鉄（Fe）の酸化反応（アノード反応）と水素イオン（H$^+$）の還元反応（カソード反応）という酸化還元反応が起こり、原子状水素が生成され、その後水素ガス（H$_2$）となっていく。また、めっき工程では陰極界面において、例えばワット浴のニッケルめっきにおける電解反応では【事例・1】に示すような素反応が起こる。

ニッケル電析という有効な反応に電気エネルギーが使われるのは好ましいことであるが、適正な電流密度での電解においても100％ニッケル電析が起こるわけではなく、少なからず水素ガスの発生を伴う。電流密度を高くして高速でめっきしようとすると陰極界面へのニッケルイオン供給が間に合わなくなり、有効な析出反応以外の無駄な反応に電気エネルギーが消費されてしまうことになる。

その中で原子状水素を生成しその後水素ガスとなる反応には、2つの反応が考えられる。めっき液のpHとして計量される水素イオン濃度に左右されるが

【事例・1】 ワット浴ニッケルめっき液の電極界面での素反応

液組成；
NiSO$_4$・6H$_2$O；240g／L～260g／L　（0.9mol／L～1.0mol／L）
NiCl$_2$ ・6H$_2$O；40g／L～ 50g／L　（0.17mol／L～0.21mol／L）
NiSO$_4$・6H$_2$O：NiCl$_2$・6H$_2$O　のmol比は、5：1または5：1強の比率
pH；4～5（水素イオン濃度は、10^{-2}～10^{-5}mol／L）

陰極界面での素反応

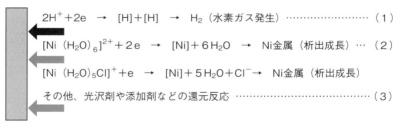

2H$^+$＋2e → ［H］＋［H］ → H$_2$（水素ガス発生）……………………（1）

［Ni（H$_2$O）$_6$］$^{2+}$＋2e → ［Ni］＋6H$_2$O → Ni金属（析出成長）…（2）

［Ni（H$_2$O）$_5$Cl］$^+$＋e → ［Ni］＋5H$_2$O＋Cl$^-$→ Ni金属（析出成長）

その他、光沢剤や添加剤などの還元反応 …………………………………（3）

基本的な素反応は、
　　それぞれのイオン濃度や陰極での電位差（陰極過電圧）、浴温度に影響され、
　　析出効率が変化する。

多かれ少なかれH⁺の還元反応がある。

① $2H^+ + 2e \rightarrow [H] + [H] \rightarrow H_2$ ガス

もうひとつが水の電気分解である。

② $2H_2O + 2e \rightarrow [H] + [H] + 2OH^- \rightarrow H_2$ ガス $+ 2OH^-$

めっき液中における陰極界面での素反応は、金属イオンの還元析出反応（有効な反応で析出効率あるいは陰極電流効率として評価される）と水素ガス発生（無駄な反応）との競争反応である。

陰極電流効率（析出効率）の良し悪しは、めっき浴の組成やpH、浴温度、陰極電流密度など作業条件によって変化する。事例・1に示すワット浴のニッケルめっきのようにニッケルアコ錯体 $[Ni(H_2O)_6]^{2+}$ やニッケルクロロアコ錯体 $[Ni(H_2O)_5Cl]^+$ で形成されている弱酸性浴では陰極電流効率は約95％程度と良好であり、従って電解中の原子状水素の発生率は低い。しかし、【事例・2】に示すシアン化銅めっき浴のようにpH12程度のアルカリ性シアン錯塩浴では陰極電流効率は約70％程度で、水の電気分解を伴い原子状水素の発生率

【事例・2】 シアン化銅ストライクめっき液の電極界面での素反応

液組成；
CuCN；20g／L～35g／L　（0.22mol／L～0.40mol／L）
NaCN；37g／L～58g／L　（0.76mol／L～1.2mol／L）
CuCN ： NaCN のmol比は、1：3または1：3強　の比率
pH；11～12（水素イオン濃度は、10^{-11}～10^{-12}mol／L）

陰極界面での素反応

$2H^+ + 2e \rightarrow [H]+[H] \rightarrow H_2$（水素ガス発生）……………………（1）

$[Cu(CN)_3]^{2-} + e \rightarrow [Cu] + 3CN^- \rightarrow Cu$金属（析出成長）……（2）

遊離が高いとCuの析出が抑制される。

その他、光沢剤や添加剤などの還元反応 ………………………………（3）

基本的な素反応は、
　それぞれのイオン濃度や陰極での電位差（陰極過電圧）、浴温度に影響され、
　析出効率が変化する。

はアルカリ性でありながら高い。しかも陰極電流密度に影響され、電流密度が高いと原子状水素の発生率はより高くなる。

さらに、陰極過電圧の一つである水素過電圧の大小による影響もある。水素過電圧とは水素イオンが陰極側の素地金属面で還元され原子状水素となる電位差のことであり、この水素過電圧は金属の種類や金属面の粗化状態などにより変化するが、一般的に貴な金属は水素過電圧は低く、さらに表面が粗いほど水素過電圧が低くなる傾向があり、また融点の低い卑な金属は水素過電圧が高くなる傾向がある。

このように素地金属面で発生した原子状水素は素材中に侵入しやすく水素脆化の原因となり、めっき皮膜中に侵入すれば脆い析出となりやすい。

(b)**接合特性**

物理的な特性の1つである接合特性として代表的なものは、図2-37に示すようなⓐはんだ付け性とⓑボンディング性がある。

ⓐはんだ付け性；はんだ付けは、低融点であるすず（Sn）および選択されたPb、Cu、Ag、Bi、AuなどとのSn合金を介して金属同士を接合するものである。はんだ接合する場合、大きく3つの接合温度領域に分け、300℃付近の高温はんだ、180℃付近の中温はんだおよびそれ以下の温度領域の低温はんだをそれぞれ使い分けて部品実装が行なわれている。これら各種はんだめっきを

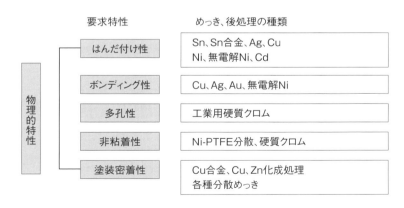

図2-37　めっき加工技術による接合特性など物理的特性

被めっき物に施すことにより、自溶はんだ接合あるいははんだ盛り接合をスムーズに行なえる役割は大きい。

　接合特性の中で最も多く活用されているのがはんだ接合である。はんだ接合には、はんだゴテによる接合とリフローはんだ接合とがあり、目的に応じて使い分けられている。めっき種としては低融点のすず（Sn）またはすず合金（Sn合金）めっき皮膜が選択される。主なすずめっき浴種を表2-10に、またすず合金めっき浴種を図2-38に示す。

表2-10　代表的なめっき浴種によるすずめっき皮膜の特性比較

浴種		皮膜特性	皮膜特性と用途の比較	
酸性浴		硫酸浴 半光沢めっき	皮膜硬さ；5〜10Hv 高電流密度作業可能	柔軟性優良、リフロー性優良 被覆力普通、均一電着性劣る、低コスト
		硫酸浴 光沢めっき	皮膜硬さ；30〜80Hv 光沢良好	柔軟性良、装飾性良、はんだ付け性良 被覆力普通、均一電着性劣る、低コスト
		有機酸浴 半光沢めっき	皮膜硬さ；10〜20Hv 低、中電流密度作業可能	柔軟性良好、はんだ付け性良 被覆力良、均一電着性良、コスト高め
		有機酸浴 光沢めっき	皮膜硬さ；30〜70Hv 低、中電流密度作業可能	柔軟性良、はんだ付け性良 被覆力良、均一電着性良、コスト高め
中性浴		半光沢めっき浴	皮膜硬さ；5〜8Hv 低、中電流密度作業可能	柔軟性優良、ウィスカー発生しにくい 被覆力良、均一電着性良、セラミック半導体
	アルカリ浴	無光沢めっき浴	皮膜硬さ；3〜6Hv 微細結晶の皮膜	柔軟性優良、耐食性良 被覆力良、均一電着性良

Sn-Au合金めっき皮膜	Au：79〜80％含有	融点278℃の高融点はんだ
	Au：8〜12％含有	融点217℃の中融点はんだ
Sn-Ag合金めっき皮膜	Ag：2〜3.5％含有	融点221℃の中融点はんだ
Sn-Cu合金めっき皮膜	Cu：1〜3％含有	融点227℃の中融点はんだ
	Cu：30〜50％含有	Niアレルギー対策用一般品
Sn-Bi合金めっき皮膜	Bi：2〜5％含有	融点200℃付近中融点はんだ
Sn-Zn合金めっき皮膜	Zn：8〜10％含有	融点200℃付近中融点はんだ

図2-38　すず合金めっき皮膜の種類

ⓑボンディング性：半導体素子電極部とパッケージリード部とをAuワイヤ、AlワイヤまたはAgワイヤなどで導通させるために熱圧着接合、超音波圧着接合などを行なうのが、ワイヤボンディングである。それに適した柔らかく厚付けができ加熱接合性のよい軟質AuめっきやAgめっきが役割を果たしている。

(c)磁気特性

磁気特性としては、ⓐ電磁波シールド性、ⓑ軟磁性薄膜、硬磁性薄膜としての応用性、ⓒ薄膜抵抗体としての応用性などが考えられる。

ⓐ電磁波シールド性：電子機器などから発生する電磁波をシールドし、電磁波から機器を保護するために最も効果的な方法のひとつにめっき法がある。アルミニウム蒸着法も優れているが低コストでシールド性の高い皮膜を形成することができる点でめっき法は有利であり、プラスチック筐体に無電解めっき法で銅めっき、ニッケルめっきの薄膜を形成させる方法が主流である。

ⓑ軟磁性薄膜、硬磁性薄膜としての応用性：軟磁性膜として、鉄・ニッケル合金めっきがあり、電解めっき法が活用されている。硬磁性膜として、コバルト合金めっきがあり、電解めっき法または無電解めっき法が活用されている。

ⓒ薄膜抵抗体：絶縁体の非金属素材に直接めっき可能という利点を生かして無電解めっき法による高りんタイプ（P含有率15atm％以上）のNi－P合金めっき薄膜が活用されている。

(d)光特性

光特性として、ⓐ光反射性、ⓑ光選択吸収性などがある。

ⓐ光反射性：平滑性を高めて得られる金属光沢は、光反射性に優れ鏡面反射に近い特性を示す。光沢剤を用いた光沢めっきは、素材の光沢研磨はあった方がよいが、めっき皮膜を物理的に光沢研磨する必要がない状態で実用できる効果がある。

例えば、アルミニウム素材に光沢ニッケルめっき＋クロムめっきを施して作成した反射鏡やバックミラー、最近ではLED用の反射鏡にも応用されようとしているが効果は大きい。また、光沢ニッケルめっき＋光沢金めっきの組合せによる複写機などの特殊な反射鏡もある。貴金属類は可視光線を全反射し白色

にほとんど近い光沢銀めっきは、LEDに活用され、また、特定波長の光を選択的に反射、吸収する特性があるのを生かした光反射特性で光沢金めっきや他のめっき皮膜が実用化されている。

　ⓑ光選択吸収性：ソーラシステムとしての太陽光吸収板には、電解めっきによる黒色クロムめっきや黒色合金めっき、また、無電解めっきによる黒色ニッケル合金めっきなどが活用されている。最近では３価クロム浴の黒色クロム－コバルト合金めっきなどもある。

第 3 章

設計者のための基礎知識（その2）表面処理と成形加工

めっきの役割と機能を十分に把握し部品設計するために設計者は何をすべきかを考えると、めっきを必要とする部品の設計において、めっき設計仕様書を適切に作成することは設計品質（めっきねらい品質）にとって極めて重要なことになる。そのためには設計者として表面処理（めっき）に関する基礎知識を身につけることが必要になる。

1 めっきとは

"めっき"という言葉の意味を「広辞苑（1997年改訂版）」で調べてみると次のように書かれている。

①めっき〔鍍金、滅金〕とは、金属または合金の薄層を他の物（主として金属）の表面にかぶせること。また、その方法を用いたもの。装飾、防食、表面硬化、電気伝導性の付与、磁気的性質、潤滑性、接着性の改善などのために施す。電気めっき法、溶融めっき法、真空めっき法などがある。

②中身の悪さを隠して、外面だけを飾りつくろうこと。

「めっきが剥げる」とは、外面の飾りがとれて悪い中身が暴露する。本性があらわれる。

最初の説明は"めっき"について適切な表現と考えるが、②の説明については"めっき"の解釈としては納得しがたい説明である。なぜならば、後述するように他の表面処理も共通することではあるが中身を隠すために外面だけを薄い皮膜で被覆するものである。従って外面の薄い皮膜が磨耗してしまえば中身が暴露されるのは全ての表面処理に共通のことだからである。ではなぜ"めっき"だけがこのような表現に使われるようになったのかは長い歴史があり、その発端は中身を隠すために高価で希少な金属を少量用いて薄層を施し外面を装う「錬金術」と呼ばれる技術が影響しているようである。

めっきの歴史はかなり古く、紀元前数100年頃、太古の時代の技術と言われているが、特に藤ノ木古墳から出土した副葬品の数々は、5世紀頃の日本国産品と考えられているようである。その時の金や銀仕上げ法は「アマルガム法」と言われる処理法で、水銀と各種金属を混ぜ合わせると溶解して水銀の量によ

り柔らかい液体状から硬めのペースト状まで調整できる技術があったようである。ちなみに金：水銀の比率が重量比で１：５が柔らかいアマルガムで塗りやすいという記録があるようである。黄金色の金が水銀に溶解したことから"滅金"と呼ばれ、それが"めっき"の語源であると考えられる。さらにアマルガムを「塗金」し、300℃位の温度をかけて焼き付け金薄層を形成することから「鍍金」が"めっき"の漢字として用いられるようになったと考えられる。当時は主に金めっきや銀めっきなど宝飾品に必要な技術として発展した。

❷ 各種表面処理法

　表面処理という言葉は、いろいろな場面で使われるが、金属製素材、プラスチック製素材、セラミック製素材、ガラス製素材および木製素材など、各種被処理物の表面に異種金属または金属合金を被覆したり、金属化合物を被覆したり、あるいは、有機高分子化合物など有機物質を被覆して表面改質することをいう。表面改質とは、被処理物の表面を異種金属で被覆することにより金属光沢を出し装飾性を高めたり、硬さや耐食性や電気特性など各種機能性を高めた

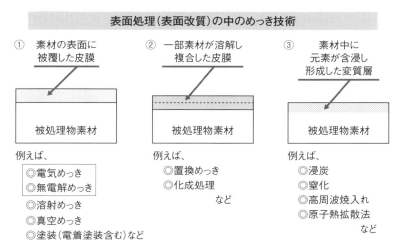

図3-1　表面処理による表面改質の形態

り、また色素を含む有機物質を被覆することにより各種色調を具備することができ装飾性や耐食性を高めるなど、要求される機能性を満足するように表面特性を改善し付加価値を高めることが最大の目的である。

主な表面処理法としては、大別すると素材表面上に被覆して改質するか、素材表面内部を改質するかの2通りがあり、その中間的な改質も含め、図3-1に示すように、3つに分類することができる。

（1）各種素材表面に金属を被覆する方法
　　　　　　　　　　（湿式めっき法、溶融めっき法、真空めっき法、など）
（2）各種素材表面に金属酸化物、炭化物、窒化物など、金属化合物を被覆する方法
　　　　　　　　　　（陽極酸化法、真空めっき法、など）
（3）各素材表面に有機化合物を被覆する方法
　　　　　　　　　　（吹き付け塗装法、電着塗装法、など）
（4）各種素材表面で一部素材を溶解させ複合皮膜を形成し被覆する方法
　　　　　　　　　　（置換めっき法、化成処理法、など）
（5）各種金属表面を酸化、炭化、窒化、あるいは硫化して表面改質する方法
　　　　　　　　　　（浸炭処理法、窒化処理法、化成処理法、など）
（6）各種素材表面に熱エネルギーを照射して表面改質する方法
　　　　　　　　　　（原子熱拡散法、高周波焼入れ法、など）

表面処理の分類の中で、「（1）各種素材表面に金属を被覆する方法」が一般的に「○○めっき法」と呼ばれるものである。さらに「（4）各種素材表面で一部素材を溶解させ複合皮膜を形成し被覆する方法」に属する置換処理も「置換めっき法」と呼ばれることがある。

1．大気中で行なわれるめっき方法

ここでは大気中で行なわれるめっき法を取り上げ簡単にその特徴と役割を整理してみる。

（1）各種素材表面に金属を被覆する方法

これに属する表面処理方法としては、水溶液を用いた湿式法と大気中で行なう金属を溶融させた状態で処理する乾式法および真空中で特殊金属あるいは金

属化合物を被覆させる乾式法とがあるが、大気中で行なわれるめっき法については次のようなものがある。

(1-1) 電解めっき法（電気めっき法）（湿式法）

マグネシウム（Mg）、アルミニウム（Al）、亜鉛（Zn）の各種ダイキャスト、各種鉄鋼、各種銅合金など各種金属素材および非金属素材の汎用プラスチック、エンジニアリングプラスチックなど各種プラスチック素材並びに各種ファインセラミック素材などの表面に無電解めっき法によって化学的に金属皮膜を施した後、図3-2に示すような電解めっき用設備を用いて、亜鉛（Zn）、銅（Cu）、ニッケル（Ni）、すず（Sn）、クロム（Cr）、銀（Ag）、金（Au）、その他白金族の貴金属めっきや各種合金めっきを単層または多層に施すことができる。

このめっき方法は各種被処理物の表面処理を大量生産から多品種少量生産に至るまで対応可能な加工法の一つである。被処理物の形状や大きさに対する対応性がよく、水溶液のめっき浴を用いて安価に多品種少量生産から大量生産ま

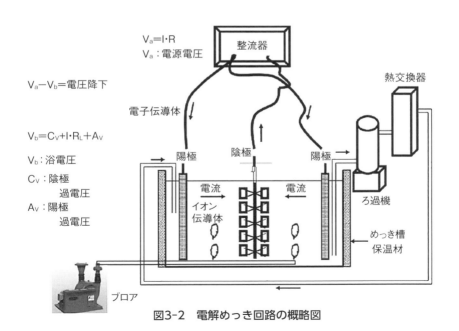

図3-2　電解めっき回路の概略図

で対応可能な方法である。

　しかし、電解めっきをするためには図3-3に1例を示すように、成形加工された部品を通電用"ひっかけ治具"に1つずつセットする必要がある。その結果ひっかけ治具と被めっき物の接点部にはめっきが施されない跡ができてしまうので、めっき部品の品質特性上障害にならない箇所を設計者としては、図面に接点部として使用可能とする非有効面の位置を示すことは望ましい。

　適用事例としては、リールに巻き取られた帯材をリール・ツー・リール法で、またはひっかけ治具にセットする方式（必要に応じて設計図に非有効面と接点箇所を指定することを考慮する）、あるいはバレルに多数の被めっき物を挿入させてバレル回転方式でめっき加工を行うなど、各種のめっき方式を選択して装飾性を必要とする部品、機能性を必要とする部品やロール、シリンダー、金型などへの硬質クロムめっき、部分肉盛補修のためのニッケルめっきなど、その他自動車部品や電気・電子部品などへの亜鉛めっきや貴金属めっきなどをする。

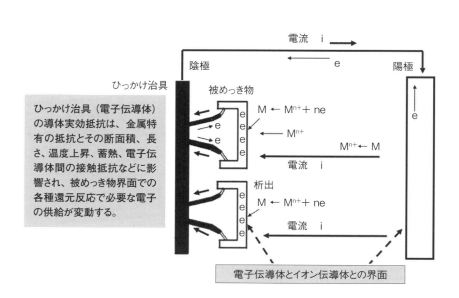

図3-3　陰極界面および陽極界面の模式図

（1-2）無電解めっき法（湿式法）

例えば、非金属素材への電気めっき法の前段処理として、または単独処理として前述の電気めっき法の項で示した各種素材表面に置換反応あるいは触媒還元反応を利用して金属被覆することができる。

この方法は図3-4に示すように、直流電源設備が不要であり、処理槽と処理薬品があればどこでも手軽に設置して処理できる特徴を持っている。適用事例としては、寸法精度および高硬度が要求される精密機械部品への無電解Ni-P合金めっきや精密機能部品への各種無電解めっきがある。

（1-3）溶融めっき法（乾式法）

亜鉛、すずおよびアルミニウムなど比較的低融点の金属を単一または合金にして溶融させた処理槽の中に融点の高い金属素材、一般的には鉄鋼板または鉄鋼製構造物を浸せきして表面に金属厚膜を形成する処理方法である。電子部品関係で広く行われている溶融はんだディップ処理もこれに該当する。

成形加工された部品には加工油の付着や錆などを含め金属酸化物の形成層が

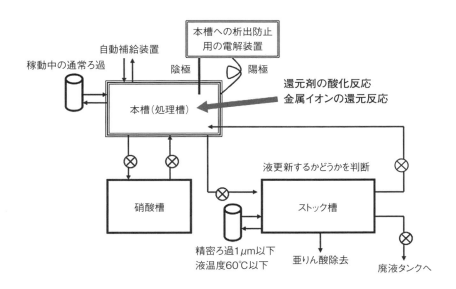

図3-4　無電解ニッケルめっき槽の基本構成

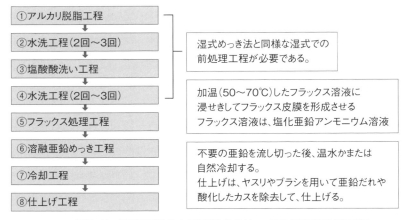

図3-5　溶融亜鉛および亜鉛合金めっきの標準的作業工程

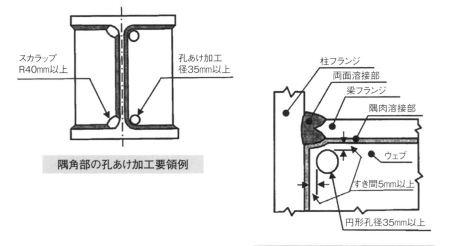

図3-6　溶融亜鉛溜りおよび空気溜りによる未めっきへの対応例

存在するので、溶融めっき処理の品質確保の目的から溶融めっき処理する前に湿式による表面洗浄をする必要があるので、一般的には図3-5に示すような前処理工程を含む処理が行なわれる。乾式めっき法でも前処理工程における成形素材の脱脂・酸洗い洗浄は、湿式で処理する。適用事例としては、大型機械の支柱や機械部品の耐食性を満足させるための亜鉛および亜鉛合金溶融めっき（溶融亜鉛-5％アルミニウム合金めっき2010年JIS規格化）がある。

　設計者として部品設計する場合に考慮しなければならないことは、図3-6に1例を示すように、溶融槽に部品を浸せきして皮膜形成するときに空気溜まり（未めっき部発生）ができないような配慮および溶融槽から引き揚げた時溶融液の液溜まりが残ってしまう箇所ができないような配慮が必要になる。これに関しては「溶融亜鉛めっき工法」の手引き　"建築工事標準仕様書：2007"（社団法人日本溶融亜鉛鍍金協会；技術・技能検定委員会）発行されているので参照するとよい。

(1-4) 溶射めっき法（乾式法）

　溶射（Thermal Spraying）とは、被覆させようとする材料上に加熱することで溶融あるいは溶融に近い状態の粒子を作り、吹き付けガンを用いて吹き付け皮膜を形成する表面処理法である。この方法による非めっき物としては、金属類、セラミック類、プラスチック類、木材など多岐にわたる。吹き付ける溶射材としては各種金属、各種セラミック、各種プラスチックなどがあり、小型部品から大型部品あるいは鉄塔など構造物まで現地での部分処理から全面処理まで対応範囲は広い。熱源は燃焼炎やプラズマなどが使われ溶射材を液滴または微粒子状にして吹き付け、被めっき物表面で凝固し密着することで皮膜が形成される。溶射粒子が運ぶ熱量は小さいので被めっき物への熱的影響は比較的少ない。

　被めっき物と溶射粒子との密着強度は他のめっき処理と比較すると弱く、一般的な評価で比較すると市販の接着剤強度$10〜30N/mm^2$と比べて$3〜20N/mm^2$程度といわれている。従って、通常は前処理工程として、表面洗浄した後サンドブラストなどで表面粗化して被めっき物と溶射皮膜との物理的な噛み合わせを確保し密着性の向上を図っている。また、後処理として熱拡散や封

孔処理を行う場合がある。

　熱源としては、大別すると一般的に多く用いられている酸素炎やアセチレン炎などのフレームを用いたフレーム溶射と総称される方法、あるいは電気的エネルギーを用いてアーク熱やプラズマにより溶融する電気式溶射（アーク溶射と総称される）がある。いずれの方法でも溶射皮膜の特徴としては、次のようなことが挙げられる。

- 溶射中、被めっき物は熱影響を受けないように制御することが可能で、変形や強度劣化などのダメージを避けることができる。
- 溶射皮膜の膜厚は通常20μm〜5mm位までの範囲で選択することができる。
- 防錆、防食を目的に溶射後、後処理で塗装をすることを前提にした場合は最小膜厚40〜150μm程度が一般的と考えられる。
- 耐熱のアルミニウム溶射では最小膜厚120〜200μm程度が一般的と考えられる。
- 特にアーク溶射法の場合は、溶着度合いがよく比較的密着力が高い。
- 溶射をした表面の粗さは、通常、平均粗さRaで15〜40μm、最大粗さRzで50〜300μm程度（粗さ表示はJIS B 0601・1994に従う）であり、素地まで達するピンホールが存在するので、耐食性を高める目的から樹脂で埋める封孔処理が必要になる。

　適用事例としては、海岸地帯、海水、工業地帯の環境において、屋外部品では亜鉛めっきよりアルミニウムめっきの方が耐食性に優れている事例があり、（溶融アルミニウムめっきの海洋環境下における適用事例とLCCについて：伸光金属工業㈱発表）、特にアルミニウム溶射した後、塗装で封孔処理したものが耐食性で良好な結果を得ている。

　設計者として溶射めっきをめっき仕様に示す場合は、溶射しやすい形状の部品設計およびめっき品質として密着性、後加工として曲げ加工の有無（溶射皮膜は曲げ加工で皮膜剥がれが起こりやすい）など、どの程度の品質要求か明確にしておく必要がある。以上が大気中で行なうめっき処理の代表的なものである。その使い分けとして、湿式法は精密な薄膜を必要とする場合、乾式法は厚膜を必要とする場合という特徴を考慮する。

2. 真空中でのめっき方法

真空中で行なわれるめっき法を取り上げ簡単にその特徴と役割を整理してみる。

(1) 真空めっき法（乾式法）

真空めっき法は、物理蒸着法（PVD）と呼ばれるものである。真空領域の中で、被覆させようとする材料を加熱蒸発させて被処理物（素材）の表面に皮膜形成させるものである。この方法には大別すると、図3-7に示すような真空蒸発法、イオンプレイティング法およびスパッタリング法に分けられる。

これらの中で密着性と実用面から、イオンプレイティング法とスパッタリング法についてそれぞれの特徴を次に示す。なお、適用事例としては、耐摩耗性の極めて高い特性を要求する機械工具類などへの窒化チタン（TiN）皮膜やパチンコの黄色い玉、あるいはカラフルな装身具への窒化チタンや各種化合物皮膜などがある。

● 真空蒸着法は、加熱蒸発した気化分子を離れた位置に置かれた被処理物表面に付着させ薄膜形成するものである。被覆される材料は、アルミニウム、亜鉛、ニッケル、金、銀、白金など、または酸化チタン（TiO_2）や酸化ジル

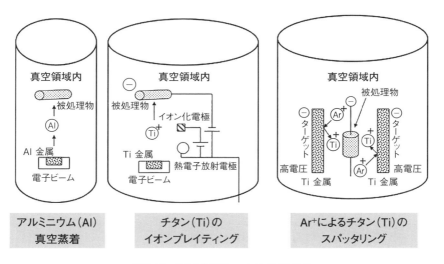

図3-7　各種真空めっき法の概略図

コニウム（ZrO_2）などである。被処理物には金属素材や樹脂素材が選択できる。この方法の欠点は付着した皮膜の密着力が劣ることである。

●イオンプレイティング法は、電子ビーム加熱により蒸発した気化分子に電圧を印加することでイオン化させることが特徴である。活発に運動している熱電子に正の電圧をかけると熱電子がイオン化電極に引き付けられる。そのとき気化分子と衝突して次の反応式のようにイオン化する。

例えば、　M　→　M^+　＋　e　　（Mは気化分子を表す）

プラスイオンの気化分子は、対極の被処理物に衝突し皮膜形成する。従って、密着力が高いことが特徴であるが、あまり高電圧をかけ高速にすると、膜厚ばらつきが大きくなり均一な皮膜形成が難しくなる欠点を持っている。この方法は電気めっき法と異なりプラズマ空間で処理するため、金属以外の

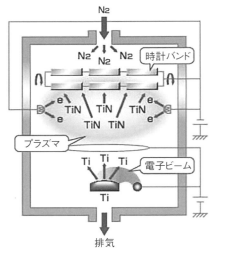

電子ビームにより
溶解するチタン

イオンプレーティング（TiN）の成膜プロセス
- 高真空に排気した真空槽内へ反応性ガスを注入する。
- 熱電子発生陰極によって、ガスをイオンと電子に分離したプラズマを発生させる。
- 電子ビームにより、金属チタンを約2,000℃まで加熱し、チタンを蒸発させる。
- チタンの蒸発粒子およびガスは、プラズマ中でイオンとなり化学反応を促進する。
- イオンとなったチタン粒子およびガスは、マイナス電子の加えられた時計外装部品へ加速され、高エネルギーで衝突し、チタン化合物として素材表面へ堆積してゆく。

図3-8　イオンプレイティング法の概略図

ガラスや樹脂のような絶縁体の被処理物にも処理できる特徴がある。代表的なイオンプレイティング処理として切削工具や金型など金属表面の摩擦係数を下げて耐摩耗性を向上させる必要がある部品の表面に窒化チタン(TiN)セラミック硬質膜を施す処理方法がある。この皮膜は、乾式(ドライプロセス)窒化チタンコーティングとしてJIS H 8690(1993)に規定されている。

窒化チタンコーティングは金属素材および非金属素材上に形成させることができ、窒素含有率の異なる窒化チタン皮膜を2層以上施す多層コーティングあるいは窒素含有率を連続的に変化させた傾斜コーティングなどがある。

皮膜の膜厚は、受渡当事者間の協定により決めることとされているが、設計者として把握しておくべき参考値が提示されている。装飾用としての用途の場合は、最小膜厚は0.05μmから厚くて10μm程度とし、工業用としての用途の場合は、最小膜厚は0.1μmから30μmとなっている。

一例として、シチズン時計㈱が提供する資料から図3-8、図3-9に実施例を示す。

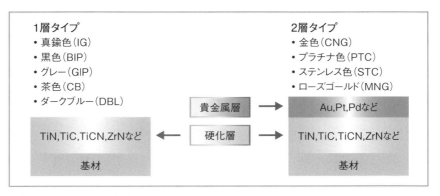

- 膜厚　0.3μm～1μm程度
- 処理温度　150°C～200°C
- 処理可能材料
  直接処理できるもの　SUS系、Ti、SK系、WCなど
  別途下地メッキが必要なもの　銅、アルミ、真鍮など
- 特長
  皮膜の密着性が良い(耐食性、耐摩耗性に優れている)
  付きまわりが良く、素材の裏面や穴部にも被膜がつく(美しい仕上げが可能)。
  無公害のプロセスであること(肌に優しくニッケルを含まない)

図3-9　イオンプレイティング法の実施例

イオンプレイティング法を用いて薄膜多層ドライコーティングが可能になり、応用範囲が広がっている。例えば、窒化チタン皮膜以外に炭化チタン（TiC）、窒化炭化チタン（TiCN）、窒化ジルコニウム（ZrN）などの単層タイプ、あるいはその上に金（Au）、白金（Pt）、パラジウム（Pd）などの貴金属皮膜を2層にするタイプなどがある。

　以上の例からイオンプレイティング法は、被めっき物素材上に直接あるいは湿式めっき法で光沢めっきを施した上に湿式めっき法では不可能な窒化化合物や炭化化合物を薄膜として施し、硬度と耐摩耗性、耐食性を高め、さらに最上層にカラフルな薄膜を形成させて装飾性を具備させる多彩な表面処理が可能になってきている。また、金属加工用プレス金型への窒化チタン硬質膜形成およびその特性に関する研究が行なわれており、金型設計における金型形状をイオンプレイティング硬質膜の膜厚ばらつきの改善に有効な方向へ検討することによる改善効果も金型耐久性にとって重要となる。

●スパッタリング法は、真空中でアルゴン（Ar）のような不活性ガスを導入しながら被覆させようとする材料に衝突して被覆材料粒子をはじき飛ばし被めっき物表面に皮膜形成させる方法である。この方法はスパッタされた粒子の持つエネルギーが大きいので低温でも優れた密着力が得られる特徴がある。また、被覆させようとする材料に各種金属を混ぜると合金皮膜形成ができる。あるいはアルゴンガスと共に微量の酸素や窒素ガスを混合すると酸化物や窒化物を形成する反応性スパッタリングを行うこともできる特徴がある。被めっき物も金属以外にガラス、樹脂、セラミックなどの板物から成形品まで処理可能である。

　スパッタリングとは、真空中で不活性ガス（主に、アルゴンガスAr）を導入、ターゲット（プレート状の成膜材料）にマイナスの電圧を印加してグロー放電を発生させ、不活性ガス原子をイオン化し、高速でターゲットの表面にガスイオンを衝突させて激しく叩き、ターゲットを構成する成膜材料の粒子（原子・分子）を激しく弾き出し、勢いよく基材・基板の表面に付着・堆積させ薄膜を形成する技術である。スパッタリング法は、高真空域に一度減圧して、不純物の減少ならびに平均自由行程が大きくなるように気体分子を減少させる。

そこへ電圧を印加してグロー放電が発生する真空域（10^{-1}Pa程度）まで不活性ガスを導入する。すると不活性ガスがプラズマ化され、イオン原子がマイナス電位のターゲットへ加速して、激しい夕立のように高運動エネルギーでターゲットの表面に衝突・叩き続け、ターゲット材料の粒子（原子・分子）が勢い良く飛び出し成膜材料の組成を変えずに、安定して緻密で強い成膜が可能となる。また、スパッタリングに必要な不活性ガスに加えて、反応性ガス（O_2、N_2、など）を導入することで、酸化物や窒化物の成膜ができる反応性スパッタリングも可能である。

　事例としては、装飾品および自動車やオートバイ部品のプラスチック製品（ABS樹脂）素材上に従来の湿式めっき法による光沢銅めっき＋光沢ニッケルめっき＋装飾クロムめっきを施していた代替として比較的安価で装飾クロムめっきのような輝きが得られる特徴を利用して施されている。耐摩耗性など耐久性は装飾クロムめっきに及ばないが手軽で比較的安価な処理ということから要求品質として妥協できるところで使用されている。また、プラスチック製品（FRP樹脂）のように湿式めっき処理では不可能な素材上にこのスパッタリングめっきが利用されている。

　この処理工程の概略は図3-10に示すように、素材をまず洗浄して汚れなどを除去した後、ベースコートとして専用のプライマーを塗布する（ベースコート表面の乾燥に1～3時間要するので、ほこり、異物付着の対策が重要になるが一般的には多少の"ほこり付着"は避けがたい）。②次に真空容器内でスパッタリングめっき層を生成する。③最終仕上げとしてスパッタリングめっき表面を保護し光沢やカラーリングを引き出す目的からウレタンクリアーのトップコートを施すというものである。このトップコートの表面硬さは処理後2～3週間経過すると鉛筆硬度でHから2H相当になるといわれている。

　この処理工程から品質管理上常に問題視されるのが「ほこり、異物の付着」の程度および仕上がり面の平滑性（トップコートに観られる細かいゆず肌状の凹凸）の程度差である。従って、設計者として部品設計のめっき設計仕様書にこのスパッタリングめっき処理を採用するときは、スパッタリングめっき皮膜の種類、トップコートの種類、外観上の取り決め（限度見本）を明確にしてお

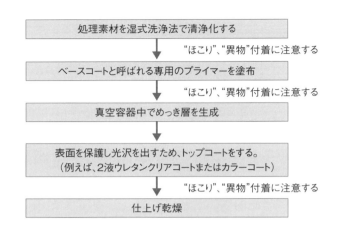

図3-10　スパッタリング処理工程の概略図

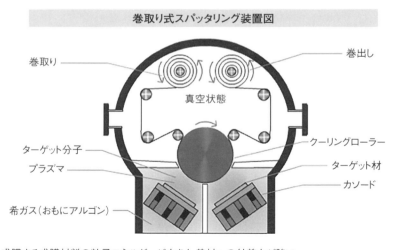

- 成膜する成膜材料の粒子エネルギーが大きく、基材への付着力が強い
- 高エネルギーの成膜材料粒子での成膜で、緻密で強い膜ができる
- 成膜プロセスが安定していて、均一な膜質、膜厚の制御が高精度に可能
- 高融点金属、合金、化合物など、成膜材料の素性を変えず成膜が可能
- ターゲットの幅に応じて、大きな基材幅への成膜が可能
- 複数のターゲットの設置・使用で、成膜速度の高速化が可能
- 複数の材料ターゲットの使用で、多層膜の成膜がインラインで可能

図3-11　帯材の連続スパッタリング処理実施例

表3-1　主なスパッタリング成膜材料と薄膜の特性、用途例

成膜材料		薄膜の特性	用途
チタン Ti	耐食性に優れる 軽い、強度が高い 生体との親和性が高い 金属アレルギーなし	デザイン性 耐食、耐候性あり 生体親和性あり	外装部品 建築部品
酸化チタン TiO_2	光電効果のある酸化物 光触媒機能あり 強い酸化作用のある膜 親水性のある膜	光触媒性 衛生、抗菌性	光触媒用途 衛生用部品 建築部品
アルミ Al	電気伝導性がよい 銀色の金属光沢あり 光反射性がよい	デザイン性 光反射性 ガスバリア性	装飾部品 建築部品
金 Au	電気伝導性がよい 熱伝導性がよい 耐食性が極めて高い	デザイン性 熱線反射性 装飾性	装飾部品 機能部品 装飾部品

くことは重要である（表3-1参考）。

また、尾池工業㈱が提供する資料から図3-11に帯材連続処理の実施例を示す。

(2) **各種素材表面に金属酸化物、炭化物、窒化物など、金属化合物を被覆する方法**

前述した「(1) 各種素材表面に金属を被覆する方法」で取り上げた表面処理方法の中の溶射めっき法や真空めっき法が、純金属以外の金属酸化物、炭化物、窒化物などを被覆し皮膜形成させることができる方法である。

3．"めっき加工法"以外の表面処理方法

86ページの(1)～(6)のところで示した表面処理の分類付記番号に従って、"めっき加工法"以外の表面処理法を取り上げると「(3) 各素材表面に有機化合物を被覆する方法」、「(5) 各種金属表面を酸化、炭化、窒化、あるいは硫化して表面改質する方法」および「(6) 各種素材表面に熱エネルギー照射して表面改質する方法」が該当する。

「(4) 各種素材表面で一部素材を溶解させ複合皮膜を形成し被覆する方法」に属する置換処理は「置換めっき法」と呼ばれ、また、複合皮膜を形成する

「化成処理法」は、めっき加工法とは言わないが"めっき"の分野では欠かせない表面処理法である。

ここでは、各表面処理法を取り上げ簡単にその特徴と役割を整理してみる。

(3) 各素材表面に有機化合物を被覆する方法

これに属する表面処理方法としては次のようなものがある。

(3-1) 塗装法

塗装法には、主に吹付け塗装、静電塗装、粉体塗装、および電着塗装がある。いずれも機械外装や一部の部品に活用されている。処理方法が簡単で塗装の種類によっては被処理物の表面にいろいろな色調や特性などを与えることができる。電着塗装においては電気めっきと類似した設備や技術で、水系塗料の中に被処理物を浸せきし、陰極側または陽極側にして直流電解することにより、塗膜を形成させるものである。陰極電解して電着塗装する方法をカチオン電着塗装といい、陽極電解して電着塗装する方法をアニオン電着塗装という。被処理物の材質により使い分けられているが、いずれも防錆皮膜としての効果は期待できる。

(3-2) ホットスタンプ法

箔押出し法とも呼ばれ、カラフルでメタリック調の装飾用途に広く利用されている。ポリエステルフィルムの上に真空蒸着でアルミニウム薄膜を施し、その上に接着層をもつ複合皮膜の箔である。この箔を被処理物に合せて重ね、加熱させ凸版を押し当てて転写皮膜形成するものである。単純形状のプラスチックスなどの被処理物ではメタリック調にしたり、印刷画像箔を簡単にスタンピングしたりすることができる。

(4) 各種金属素材表面を僅か溶解させ異種金属との合金や化成皮膜を形成改質する方法

この方法には、化成処理や置換めっきが該当する。硫化や酸化などの化学反応を活用して溶液中で被処理物表面に化合物皮膜を形成するものもあり、機械部品の下地処理用としてのリン酸塩皮膜処理や亜鉛置換処理または防錆処理としてのクロメート処理など最上層に施すものとがある。
この方法は、処理条件により次の2種類に分類することができる。

①処理液に浸せきして酸化還元反応を伴い化成皮膜が形成される無電解浸せ

き方法

　　　　　例えば、亜鉛置換処理、3価クロム化成処理、リン酸塩処理など
② 処理液に浸せきして電解することにより化成皮膜が形成される電解処理方法
　　　　　例えば、電解クロメート処理、陽極酸化処理、など

（5）各種金属表面を酸化、炭化、窒化、あるいは硫化して表面改質する方法

　浸炭、窒化、浸硫など、特定の元素をガス、塩浴などの状態から被処理物表面に含浸させて表面層を改質する方法であり、表面硬化を主目的とする。主に鉄鋼材料の表面処理に広く利用されている。しかし、めっきに比べ一般的に処理温度が高いので被処理物の寸法変化や変形問題が残る。

（6）各種素材表面に熱エネルギーを照射して表面改質する方法

　一般焼入れや高周波焼入れなど、熱エネルギーを照射して被処理物の表面層を変質させ表面硬化など改質する方法である。この方法は通常、材料の段階で採用される。

　以上、述べたように、（1）から（6）に至る表面処理法の分類を理解し、要求される特性に応じた最適な表面処理を適用することが重要なポイントになる。

　最適な表面処理とは、品質要求に対してチャンピオン品をつくるのではなく、常に安定した満足する品質の確保にある。その点からいくつかの表面処理を複合させて安定したレベルの高い品質を作り出す必要がある。

❸ めっき加工用素材の質

　部品設計において求める機能品質を得るためには、どのような素材にするかの選択およびどのような成形加工をして形状を作り上げるか、そして最終仕上げのめっき加工でどのような機能特性をどの程度の期間（製品のライフサイクル）に適合させるかが設計者の設計力によって左右される。

　めっき加工の難易度は素材の質に左右されるので、部品設計図面およびめっき設計仕様書には、JIS規格に準じた素材の場合はJIS記号で、またJIS規格以外の素材の場合は、成分表を添付した素材メーカーの記号で明記することは必要になる。主な素材についての基礎知識を次にまとめる。

1．めっき加工用金属素材の主な種類

　めっき加工用として使用される金属素材は、大別して3つに分類することができる。

　　①腐食し錆びやすい金属素材で、めっき加工して耐食性を高める必要があるもの。
　　②酸化しやすく比較的強固な不働態皮膜を形成する卑な金属素材で、めっき加工して美観など特性を具備させる必要があるもの。
　　③表面硬度が低い貴な金属素材で、めっき加工して耐磨耗性や電気特性などを保持する必要があるもの。

　上記①に該当する代表素材は、鉄鋼材である。それ以外に鉄鋳物や非鉄材ではあるが亜鉛ダイキャストもこの分類に含まれる。

　上記②に該当する代表素材は、アルミニウムおよびその合金材である。それ以外にマグネシウム合金材やチタン合金材などがこの分類に含まれる。

　上記③に該当する代表素材は、銅および銅合金素材である。

　この分類を各種金属素材に含まれるベース金属のイオン化傾向の面からみた湿式めっき処理難易度との関係を図3-12に示す。湿式めっき処理法が難しい素材に対しては乾式めっき処理法を選択することになる。

　図3-12に示したように、イオン化傾向からみて貴な金属ベースの素材や鉄、亜鉛のようにやや卑な金属ベースの素材は、比較的湿式めっき加工しやすい方に分類できるが、かなり卑なマグネシウムやアルミニウム金属ベースの素材あるいはクロムやチタンのようなイソポリ陰イオン形成金属ベースの素材は、比較的湿式めっき加工しにくい方に分類される。

①鉄鋼および鉄合金鋼素材

　鉄と鋼を分けて鉄鋼（iron and steel）として取り扱い、または鋼の分類を成分からの分類（例えば、炭素鋼、合金鋼など）、性質からの分類（ステンレス鋼、電磁鋼など）および用途からの分類（構造用鋼、工具鋼、ばね鋼など）からいろいろな鉄合金素材がある。鉄は軟らかく、鋼は硬く、また鋳鉄は脆いと感じるのは炭素含有量に起因するからである。鋼はなぜ硬いかというと、0.03～2％程度の炭素と鉄が反応してFe_3C（セメンタイト）を形成してFeマ

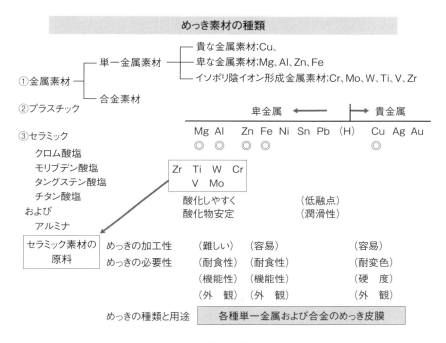

図3-12 金属素材の代表的な種類とめっき難易度の関係

トリックス中に分散しているからである。例えば、C：1％つまり1wt％の炭素は、15wt％のFe$_3$Cとなり硬さを増大する。そこで、C：0.8％含有以下を亜共析鋼（半硬鋼〜軟鋼）、C：0.8％を共析鋼（硬鋼）、C：0.8％以上を過共析鋼（最硬鋼）と分類している。このように、炭素だけが含まれる鋼を炭素鋼（Carbon steel）または普通鋼ということもあるが、低炭素鋼、中炭素鋼、高炭素鋼に分ける分類もある。

a）C：0.15％以下を特に浸炭用低炭素鋼と呼ぶ。めっき加工性は良い。
b）C：0.6％未満を機械構造用炭素鋼（SC材）と呼ぶ。ややスマット発生するがめっき加工性は問題ない。
c）C：0.6％以上を工具用炭素鋼（SK材）と呼ぶ。スマット発生しやすく密着性、外観などめっき加工性の難度は上がる。

炭素以外で鋼に含まれるまたは特別に添加される基本的元素について整理し

ておく。含まれる基本的元素としては、珪素（Si）、マンガン（Mn）、りん（P）、硫黄（S）の4元素で炭素（C）と合わせて5元素があげられる。さらに、特殊性能をだすために添加される元素としては、ニッケル（Ni）、クロム（Cr）、モリブデン（Mo）、バナジウム（V）、タングステン（W）などで、これらを含むものを特殊鋼という。現在では、合金鋼（SA材）、工具鋼（SK材）特殊用途鋼（SU材）など種類が拡大している。めっき加工性の難度は高くなるので、めっき加工する場合には鋼材中の添加成分を把握しておかなければならない。さらに、どんなに添加元素を吟味して正確に調合をした炭素鋼や特殊鋼でも熱処理をしなければ使い物にならないといっても過言ではないので、熱履歴も把握しておく必要がある。以上のように鉄鋼の性質を変える体質改善方法には、大別して次の2通りがある。

①目的に応じて各種添加元素を入れて炭素鋼や特殊鋼にする方法
②これらの炭素鋼や特殊鋼を目的に応じて各種熱処理条件で性能を向上させる方法

つまり熱処理は鉄鋼の特性を鍛え上げる無くてはならない処理といえる。

熱処理には一般的熱処理と表面局部熱処理とがある。主なものを列記してみる。一般的熱処理には主に次の4種類がある。

（1）焼入れ処理（quench）；
　　　鉄鋼材料を設定温度に加熱した後、急冷して硬化させる処理である。焼入れ応力、焼入れ硬化深度などが問題になる。

（2）焼き戻し処理（tempering）；
　　　焼入れ処理で生じた結晶組織を適度な温度で再加熱してから冷却することで安定な結晶組織に近づけ所定の特性を出す処理である。焼き戻し脆性、焼き戻し割れなどが問題になる。

（3）焼き鈍し処理（annealing）；
　　　熱処理に伴う結晶組織の変態による欠点を適度な温度に加熱保持後、徐冷して除去する処理である。例えば、内部応力の除去、硬度の緩和、冷間加工性の改善、結晶組織の調整などができる。

（4）焼きならし処理（normalizing）；

結晶粒を微細化し、機械的性質を改善するために、適度な温度で加熱後空冷する処理である。焼き鈍し処理より冷却速度を速くする。
表面局部熱処理には主に次の4種類がある。
（1）高周波表面焼入れ処理（induction hardening）；
　　　誘導された高周波電流のジュール熱によって表面のみを急速に加熱し、焼き入れ、コイルよりの噴水で急冷する表面硬化処理である。炭素鋼、マンガン鋼および特殊鋼を対象に行なう。鋼材内部に引張応力が発生し焼き割れの恐れがある。
（2）火炎表面焼き入れ処理（flame hardening）；
　　　オキシアセチレン炎により鉄鋼の表面だけを焼き入れ温度以上に加熱後、直ちに油、水などで急冷する表面硬化処理である。熱処理炉での焼き入れが困難な大型部品や局所的焼き入れに適している。
（3）浸炭処理（cementation）；
　　　浸炭剤の木炭やコークスと浸炭促進剤の炭酸ソーダや炭酸バリウムを用いて低炭素ハダ焼鋼を鋼材表面から炭素拡散により約0.9％C程度の高炭素層を形成し、内部は低炭素のまま残し二重組織を呈する表面硬化処理である。
（4）窒化処理（nitriding）；
　　　鋼材は窒化しやすいCrやAlの入った窒化用鋼を用い、窒素源としてアンモニアガス、シアン化物などを含む雰囲気中500℃前後の温度で数十時間加熱し、表面深度0.5mm程度の窒化層を形成する表面硬化処理である。

以上述べたように、鋼種や熱処理によってめっき加工の難易度が変化する。特に鋼種ではモリブデン（Mo）の多い構造用鋼（JIS-G-4105）Cr-Mo鋼のような特殊鋼や浸炭処理された表面高炭素層を持つ鋼材あるいは窒化処理されて表面に窒化層を持つ構造用鋼（JIS-G-4202）Al-Cr-Mo鋼材などは、めっき加工の難しい、いわゆる難めっき材に分類される。
②鋳鉄素材
　鋳鉄素材は鋳造成形されて自動車などの排気弁、排気系部品などによく使用

されている。鋳鉄材料におけるめっき加工難易度をみてみると、片状黒鉛をもつ鋳鉄でねずみ鋳鉄材や合金鋳鉄材は比較的めっき加工しやすく、球状黒鉛をもつ球状黒鉛鋳鉄材や可鍛鋳鉄材、および球状黒鉛をもつ合金鋳鉄のオーステナイト鋳鉄材はめっき加工しにくい材種である。

③ステンレス素材

近年、ステンレス鋼の需要は伸びている。なぜならば、年々錆びて失われていく鉄鋼量は膨大な損失となるため、防錆に対する開発努力が注がれている。その中で錆びにくい経済的なステンレス鋼が注目されてきたのである。炭素量を低く抑えた今日のSUS304、SUS316などのステンレス鋼が発明されたのは20世紀に入ってからといわれている。

ステンレス鋼の基本型は、鉄（Fe）にクロム（Cr）やニッケル（Ni）を加えた特殊鋼でCr量13％を含む13-クロム鋼,Cr量18％を含む18-クロム鋼およびCr量18％とNi量8％を含む18-8クロム・ニッケル鋼である。それ以外にモリブデン（Mo）や銅（Cu）あるいはその他の特殊元素を添加した多くの鋼種が開発されている。しかし、基本は13-クロム鋼、18-クロム鋼および18-8クロム・ニッケル鋼の3種類であり、ステンレス鋼材需要の大部分を占めている。

ステンレス鋼材は結晶構造からフェライト系、マルテンサイト系およびオーステナイト系に分類できる。

13-クロム鋼はSUS403やSUS410を中心として多くの鋼種があり、熱処理による焼き入れ処理が可能で体心正方格子のマルテンサイト系ステンレス鋼になる。

18-クロム鋼はSUS430を中心として多くの鋼種があり、熱処理による焼き入れ処理をしても硬化しにくい鋼材で体心立方格子のフェライト系ステンレス鋼になる。完全なフェライト系にするためには焼き入れと焼き鈍し処理が必要である。

18-8クロム・ニッケル鋼はSUS304、SUS316を中心として多くの鋼種がある。一般的に18-8ステンレス鋼において、1050℃急冷を行なうのは面心立方格子のオーステナイト組織を保持させるためであり、オーステナイト系ステンレス鋼になる。この鋼種は冷間加工されると組織が壊れてマルテンサイト組織

が生じやすく、硬くなったり、磁性が出たりする。この現象を"加工硬化"と呼ぶ。耐食性や加工性を改善したSUS316（高Ni-Cr-Mo合金系）および高Ni-Cr-Mo-Cu合金系などが開発されている。

以上のように、ステンレス鋼は文字通りStain-lessであり錆びにくい鋼材である。では、なぜめっき加工をする必要があるのか？を考えてみる。

ステンレス鋼の耐食性は、不動態化によって得られる。不動態化とはステンレス鋼表面に薄い酸化皮膜（通常、30～60Å位であり、μmに換算すると$3～6 \times 10^{-3} \mu m$になる）が形成されていることであり、逆にこの酸化皮膜が破壊されて活性状態になると鉄（Fe）とほぼ同じくらいの単極電位となり耐食性が失われる。従って、耐食性を維持するためには絶えず酸素を供給しておかなければならない。

つまり、ステンレス鋼は酸化性雰囲気では耐食性を示すが、還元性雰囲気では腐食しやすいということになる。

ステンレス鋼上にめっき加工するためには、さらなる耐食性の向上、装飾性の向上、はんだ付け性や電気特性の付与などの面から光沢NiめっきやAuめっきなどが必要である。

ステンレス鋼に密着よくめっき加工するための前処理としては、まず鉄鋼素材の場合と同様にアルカリ脱脂工程で完全脱脂を行なった後の酸洗い、酸エッチング工程が重要な第一段階になる。一般に脱スケールなど酸洗いに用いられる酸類は、酸素酸に分類される硝酸、硫酸であり、ハロゲン酸に分類される塩酸、ふっ酸の4種類が基本である。

ステンレス鋼の場合は酸化性のある硝酸は不動態化を促進するもので単独では脱スケール能力が弱い。そこで、硝酸にふっ酸を混合させた硝酸・ふっ酸混液は、ふっ酸のスケール還元作用と硝酸の不動態化作用との組み合わせで脱スケールが行なわれる優れた酸洗い液になる。また、目的に応じて酸の比率を変化させたり、処理温度を変化させてコントロールすることができる。

硫酸溶液は、硝酸・ふっ酸混液による酸洗いの前段階でスケールを侵食して浮かす役割で使われる。例えば、SUS304材の場合、98%濃硫酸100ml／L、溶存酸素、空気かくはんありのとき、液温50℃浸せきで侵食され始める。た

だし、空気なしであれば激しく侵食される。SUS316材の場合はさらに強く、98％濃硫酸500ml／L、溶存酸素、空気かくはんありのとき、液温50℃浸せきで侵食され始める。ただし、空気なしであれば侵食は速い。

　塩酸溶液は、スケールおよび鋼材を侵食し、溶液中に塩化第二鉄が生成されやすく、その生成により孔食（pit corrosion）を引き起こしやすくなる。従って、塩酸溶液には2分以内の短時間浸せきに止めるようにすることが望ましい。塩酸溶液を使用する場合はプロピルアミンやオクチルアミンのようなインヒビターを加えて孔食発生を抑制する必要がある。オーステナイト系ステンレス鋼の脱スケールおよびエッチングに最も効果的で広く利用されているのが硝酸・ふっ酸混液である。この溶液は硝酸とふっ酸の比率と濃度を調節することにより、脱スケールと共に均一で適度な表面粗化をすることができる。ただし、適切な完全固溶化熱処理が行なわれ、かつ焼き鈍し処理し応力緩和しておく方がよい。結晶粒界に炭化物が析出している状態では粒界腐食が生じやすくなる。

　次にフェライト系ステンレス鋼のようなクロムステンレスの場合は、オーステナイト系ステンレス鋼よりもスケールの性状が鋼成分によりかなり変化するので、脱スケールの条件が難しい。また、硬化処理されたものは酸洗い時に割れを生じる場合がある。

　クロムステンレス鋼は、硝酸・ふっ酸混液での酸洗いが可能であるが、Cr含有量が多い鋼種や炭素量が多い鋼種、または快削ステンレス鋼のように含有元素により侵食されやすいものは注意深く酸洗い溶液を選択する必要がある。

④銅・銅合金素材と熱処理の影響

　鉄鋼素材以外でめっき素材として用いられるものは、純銅および銅合金素材、亜鉛合金ダイカスト素材、純アルミニウム、アルミニウム合金板材およびアルミニウム合金ダイカスト素材、さらに一般的ではないがその他にチタンおよびチタン合金素材、マグネシウム合金素材などがある。

　金属材料は、その金属のみ純粋の場合より、他の非金属元素や他の金属元素を微量または少量添加することにより物性を高めることが経験的に明らかになっている。

その物性を高める基本的手法には熱処理による相変態の形成ならびに微細分散析出による第二相としての金属間化合物の形成がある。

銅合金材の熱処理は、最終製品として具備される物性をコントロールするための中間処理として成形加工と共に重要な役割を持っている。

銅合金材の熱処理方法としては、目的別に大きく3つに分類することができる。

①均質化処理
②焼き鈍し処理
③金属間化合物形成処理

①の均質化処理というのは、銅合金に含まれる複数の添加物質を均一にする処理である。例えば、図3-13に示すようなりん青銅のように銅（Cu）にすず（Sn）を添加した場合、偏析しているSn相を均一化させる熱処理などである。

②の焼き鈍し処理というのは、銅合金材料を例えば、図3-14に示すような冷間圧延して結晶が崩れているものを再結晶温度領域まで加熱して再結晶化させる熱処理である。

③の金属間化合物形成処理というのは、銅合金材料を例えば高温から急冷して形成した過飽和固溶体から時効処理により微細分散析出させて強度を高めたり、電気伝導性を増大させたり、ばね性を強化させることができる熱処理である。代表的な銅合金素材として、銅（Cu）-ベリリウム（Be）合金材や銅（Cu）-チタン（Ti）合金材がある。

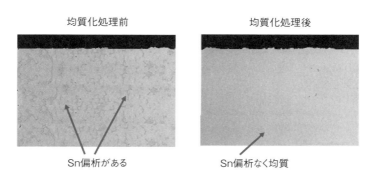

図3-13　りん青銅鋳塊に観られるSn偏析と均質化熱処理（断面観察）

焼戻し処理前   焼戻し処理後

冷間圧延の状態　　　　　　　高温焼戻処理での再結晶組織

図3-14　りん青銅に観られる焼戻処理による再結晶組織（表面観察）

　銅合金材の場合は、この3つの熱処理方法の中で第二相としての金属間化合物を分散析出させることが合金強化法で極めて有効であることが知られている。
　リードフレーム用のCu－（Fe、Co、Ni）－P系合金材では時効処理することによって、Fe_2P、Co_2PおよびNi_2Pなどの金属間化合物を微細分散析出させて強度や導電性を向上させている。
　このように時効処理により金属間化合物を微細分散析出させた銅合金材は、熱処理前に比べて湿式めっき加工時の密着性を確保させるために前処理工程を工夫しなければならない。密着性を確保するための前処理工程で重要なのは、硫酸、ふっ酸系の酸エッチング工程と硫酸系、メタンスルホン酸系の酸陰極電解洗浄による活性化工程の組合せである。
　洗浄後、速やかに湿式めっき加工しない場合は、保存中に素材表面に"しみ"が発生しないように、銅合金の防錆剤としてベンゾトリアゾールを使用するとよい。
　活性化後速やかに湿式めっき加工する場合は、シアン化銅ストライクめっきを行なうことが密着性に対して好ましい。そのとき、前もってシアン化カリウム溶液に浸せきして活性化することがあるが、やり過ぎると素材の劣化を招く恐れがあるので注意する必要がある。

⑤ベリ銅（Cu-Be合金）素材

純銅材に近い純度、Cu：95％近くありながらベリリウム（Be）元素を添加することにより、時効硬化性が現れる。時効硬化前は展延性がよく、成形加工後に310〜350℃の温度で数時間時効硬化処理すると、引張強度、硬さ、ばね性、耐疲労性などが向上し、電気伝導性も増加する。

Cu-Be合金材（C-1700材、C-1720材）は、ばね用として重要な材料である。この材料は耐食性がよく、通常、成形加工を行った後に時効硬化処理を行う。電子・電気機器用の高性能ばねとして多用されている。しかし、時効硬化処理の条件により、時効硬化処理後の被めっき物は、表面付近にBeリッチな酸化物層ができ、湿式めっき加工しにくくなり密着性の確保や耐食性の確保が難しくなる。

調質は、C-1700材、C-1720材共に軟質（O）、1/4硬質（1/4H）、1/2硬質（1/2H）、および硬質（H）があり、時効硬化型銅合金であることから時効硬化処理後の材料特性は変わる。そこで、めっき前処理工程を適切に選定し管理しなければならない。

Cu-Be合金材の時効硬化処理は、成形加工時の加工油分は清浄に脱脂された後、無酸素炉や真空炉で行なうと素材の色調がピンク色のままで熱処理することができるが、一般的な大気炉で熱処理すると黒褐色のスケールが形成されたり、または加工油分の焼付きが生じてしまう。このような材料に湿式めっき加工することは極めて難しい。

スケールなどがひどい場合は、密着性を確保するために酸エッチング処理を2段階行なうことがある。2段階の酸エッチング処理を省いて塩酸・ふっ酸系の最も強いエッチング剤で処理すると、図3-15に示すように、めっきの密着性はよいもののCu-Be合金素材表面の結晶粒界でエッチング剤による粒界の腐食と脱落（ピンホール欠陥）が孔食状に発生してめっき加工で被覆しきれず、めっき皮膜にピンホールが生じ、そのめっき欠陥部から腐食が起こり、耐食性およびばね特性の低下という品質トラブルにつながってしまうので注意しなければならない。

めっき加工するときは、ベリ銅素材の種類、および成形加工条件、成形加工

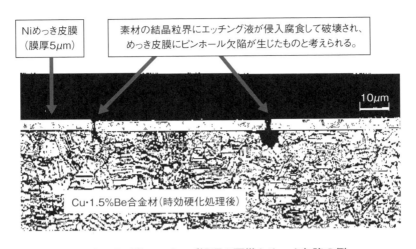

図3-15　酸エッチング処理の不備とめっき欠陥の例

後加工油付着経過時間、時効硬化処理条件など、めっき前加工の情報を得ることが必要である。Cu-Be合金材を熱処理すると、酸化ベリリウム（BeO）と銅酸化物の混合した酸化物膜が表面に形成される。ベリリウムは酸素と大きな親和性があるため、窒素雰囲気で熱処理しても酸化膜は形成される。例えば、不活性雰囲気での時効硬化処理（315℃×2時間）で約300〜800Åの酸化膜が形成され、溶体化焼鈍（790℃）では1000〜1200Åの酸化膜が形成されるといわれている。しかし、加工油分や他の汚れがないきれいな表面の熱処理では、めっき加工が非常に楽になるので作業標準として必ず実施すべきである。

　酸化膜の除去が最も難しいのは、溶体化焼鈍処理で形成された酸化ベリリウム（BeO）主体の厚い酸化膜である。しかし、不活性雰囲気での熱処理であれば60〜80g／Lの水酸化ナトリウム水溶液、温度60〜70℃で前処理し、酸に溶けやすくするとよい。

　できるだけエッチング過多になる工程をやめ、硫酸をベースにした硫酸・過酸化水素水のエッチングや化学研磨を取り入れ、硫酸・ふっ酸による酸活性後、銅ストライクめっきあるいはニッケルストライクめっき工程でめっきを施したほうが一般的によい結果が得られやすい。ただし、鉛入りのCu-Be合金

第3章　設計者のための基礎知識（その２）表面処理と成形加工

材の場合はリン酸・硝酸・酢酸系の酸処理でエッチングする方が硫酸鉛の残留がなく適切な処理ができる。

⑥アルミ合金素材と熱処理の影響

　アルミ合金材は鉄鋼材や銅合金材と同様、板材、条材、棒材、線材および鋳物材など、JISに規定されている材種が多く建築用、車両用、家電・弱電用など各種産業分野で実用化されている。

　アルミニウムはチタンと同様、非常に活性の強い金属であり、大気中で自然に形成された緻密な酸化皮膜により耐食性が保持されている。アルミ合金材は電気特性、放熱性、軽量、鏡面高反射率などの特性を具備しているが、硬度、耐摩耗性、はんだ付け性、耐食性などを向上させるためにめっき加工が必要になっている。

　アルミニウムは密度2.7g／cm^3と小さいことが特徴で重量当りの各種特性が他の金属に比べて優れており、軽量、省エネ化における役割の効果は大きい。さらに、目的に応じて多くのアルミ合金が考案されている。

　めっき加工用アルミ合金材としては、導電材や装飾部品用に用いられるA1000番台の非熱処理型純Al材、機械部品や構造材に用いられるA2000番台の熱処理型Al－Cu系合金材、車両用、建材用に用いられるA5000番台の非熱処理型Al－Mg系合金材、ボルト、リベットなど構造用材に用いられるA6000番台のAl－Mg・Si系合金材などが一般的である。成形加工方法としては、プレス加工による圧延、押出し、切削加工による削りだし、鍛造加工、鋳造加工、などがあり、目的に応じて使い分けされている。

　展伸材としては、冷間加工用の非熱処理型合金（A5000番台のAl-Mg系合金材）および熱処理型合金（A6000番台のAl-Mg・Si系合金材）が多く用いられている。

　鋳造用材としては、AC4C、ADC-12などAC材（鋳物用casting）とADC材（ダイカスト用Die-casting）がある。

　参考までにアルミ合金材上の陽極酸化皮膜処理（アルマイト処理）の難易度および湿式電解ニッケルめっき、無電解ニッケルめっきの難易度を展伸材の材種別に比較してみると、表3-2のような傾向になると考えられる。

表3-2 代表的な展伸用アルミニウム合金材料のめっき難易度の比較

記号1000番台	材料名称	材料特性	めっき難易度
1080～1200	99％以上純Al	電気、熱の伝導性良好	めっきしやすい
2014～2024	Al-Cu合金系	強度、切削加工性良好	めっきしやすい
3003～3105	Al-Mn合金系	強度、耐食性良好	めっきしやすい
5005～5086	Al-Mg合金系	耐食性、加工性良好	めっき難しい
6061～6063	Al-Mg-Si合金系	熱処理型耐食合金	めっき難しい
7003～7075	Al-Zn-Mg合金系	溶接性、耐食性良好	めっき難しい

　いずれの材種も湿式めっき加工するための前処理工程として、一般的に弱アルカリ脱脂→エッチング→硝ふっ酸活性→亜鉛置換処理→硝酸→亜鉛置換処理→弱酸浸せき→ストライクめっきという工程が必要になる。

　アルミ合金材の湿式めっきの前処理として亜鉛置換処理プロセスが確立されてからは、各種金属皮膜を施すめっき加工が拡大していったのである。それまではアルミ合金材上の陽極酸化電解処理（アルマイト処理と呼ぶ）が主流となっていた。

　展伸用アルミ合金材の中で比較的難めっき素材に該当するのは、熱処理型A2000番台のAl-Cu合金材と熱処理型A6000番台のAl-Mg-Si系合金材および非熱処理型の中で注意しなければならないA5000番台のAl-Mg系合金材である。

　鋳造用アルミ合金材の中では、鋳物材AC3のAl-Si系合金材、AC7番台のAl-Mg系合金材、AC8番台Al-Cu-Mg-Si系合金材およびダイカスト材ADC5、ADC6のAl-Mg系合金材、ADC10、ADC12、ADC14のAl-Cu-Si系合金材である。

　アルミ素材の耐食性向上や成形加工性向上のためにいろいろな添加元素が開発されたが、湿式めっき加工上の難易度は亜鉛置換皮膜の密着性を阻害するかしないかの前処理難易度にかかっている。例えば、スマット成分の残留や添加珪素（Si）の表面残留に注意しなければならない。

⑦その他の一次成形加工素材の質

　一般に多用される金属素材は一次成形加工されて板状のコイルや棒状、パ

イプ状、あるいは線材のコイルなどに加工されたものを用いて部品設計に合わせて2次成形加工されるものと鋳造やダイキャストあるいは粉末成形のように、部品設計に合わせて型成形されるものとがある。

２．２次成形加工と加工油について

冷間圧延加工など1次塑性加工が行われた金属材料の板材、棒材、パイプ材を用いて、２次加工としてのプレス加工や切削加工および曲げ加工などを行う段階でこれらの加工に適した加工油が使われ、その加工油に含まれる成分と加工熱の発生に伴う加工油の焼き付き、変質汚れ付着など、加工油と金属との物理的、化学的な付着、吸着が発生する。そのために、それらを除去するためのめっき前処理が必要になる。

成形加工方法を理解し、また加工油の成分を理解し、さらに成形加工に伴う問題点を理解して設計品質に適合した適切なめっき前処理、特に脱脂工程の管理が必要になる。被めっき物の主な成形加工方法を取り上げると図3-16に示すようになる。図3-16に示すプレス加工にはプレス加工油が必要になり、切削加工には切削加工油が必要になり、コイリング加工にはコイリング用加工油

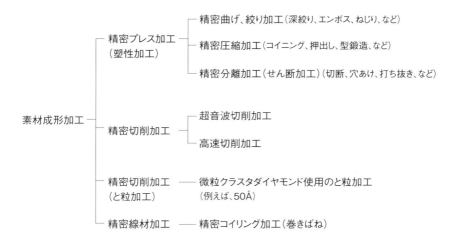

図3-16　被めっき物の成形加工方法

が必要になるというように、いずれの加工方法においても加工油が欠かせない。そこで加工油に関する基礎知識を身につけることにより適切な脱脂工程の管理をレベルアップしたいものである。

　加工油については、各加工油メーカーによりいろいろな種類のものが市販されているが、共通している基本的なところをまとめておくことが重要である。

　加工油はなぜ必要かというと、被加工材料と工具の接触面で作用する摩擦力の制御、抑制および加工表面の損傷防止のためである。この潤滑状態が加工の出来栄えを左右する重要な1つの要素である。では、潤滑油と加工油とではどこが違うのであろうか。潤滑油は単なる金属面の擦れ合いに対する流動潤滑に役立つ油であるのに対して、加工油は塑性変形からせん断や破断のような過酷な面で働く潤滑状態の保持でなければならない。そのためには図3-17に示すような組成の加工油が必要で、潤滑油のように鉱物油の基油（base oil）が主成分で少量の油性剤や酸化防止剤を配合してあるものとは大きく異なる。

　加工油に含まれる多量の添加剤の中で油性剤はステアリン酸などの高級脂肪酸は極性基をもっているため金属表面に吸着し界面摩擦を低下させるが、加工熱で金属と反応し油焼けしやすいという問題点がある。極圧添加剤は、塩素、

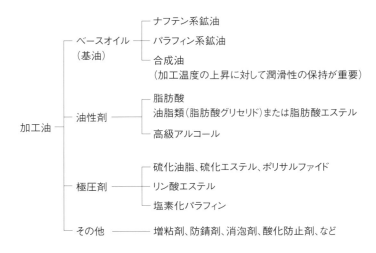

図3-17　加工油に含まれる主な成分

硫黄、リンなどを含み油性剤よりさらに金属界面で化学反応し潤滑を向上させる反面、腐食や硫化をもたらす問題点がある。その他、固体潤滑剤を使う場合のこびり付き、さらに防錆剤や防食剤などの金属との強い吸着も除去性に大きな問題となる。

　加工油の選定は専ら成形加工方法や金属素材の種類により行われるが、どうしても一次性能としての加工性を重点に考え、さらに二次性能として、保管中の防錆・防食性能の重視などから、かなり複雑な組成の成形加工油が使われている。そこで、めっき処理という後工程を配慮した選定が重要になってくるので、めっき作業する側もどのような成分の加工油なのか成形加工時あるいは加工後の熱処理の有無などの情報も含めて成形加工側から入手し、めっき生産管理の面から、加工油に適合した脱脂剤の選定、脱脂方法の選定、および加工油の成分見直しのための成形加工側への情報提供というキャッチボールが極めて重要になってくる。

3．2次成形加工前後の熱処理について

　金属材料は成形加工される前あるいは後で行われる熱処理によって成形加工品の強さを向上させることができる。例えば、ベリリウム銅材のように成形加工後の熱処理で強化させることができる金属材料は、熱時効前の優れた成形加工性および成形後の熱時効処理で優れた強さを具備することができるものである。

　めっき加工でよく問題になる、ばね材料と熱処理を取り上げて考えてみよう。

　ばねには、薄板ばね、巻きばねなどがあり、プレス加工やコイリング加工により作られ、優れた特性を持つばね、複雑な形状のばね、比較的簡単な形状のばねなど、いろいろな要求に応じて適切なばね材料の選択と熱処理を成形加工前にするか後にするかの選択が重要になる。図3-18に簡単なばね加工の流れを示す。

　いずれにしても熱処理は欠かせない。熱処理では、金属結晶中の原子が拡散する性質を利用している。拡散によって置換型固溶体を形成したり、侵入型固溶体を形成したり、あるいは金属結晶格子内に侵入している元素の金属表面へ

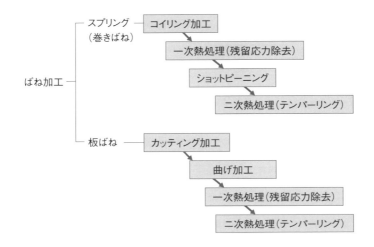

図3-18　ばね加工の主な工程流れの例

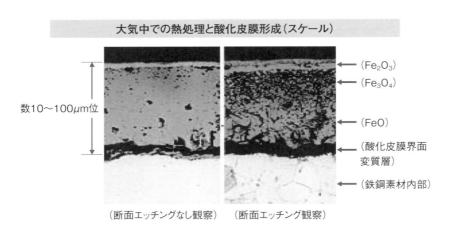

図3-19　熱処理された素材表面から深さ方向の模式図（鉄鋼の例）

の濃化現象が生じたり、金属表面で付着加工油の焼き付きが生じたり熱処理の雰囲気によっては、例えば大気中では図3-19に示すような厚い酸化層が形成され、めっき加工するためにその酸化層を除去しなければならず寸法の減少が起こる。それに対して寸法精度を考慮した窒素雰囲気中での熱処理では加工油

の残留による薄い炭化物層や脱脂洗浄後のけい酸塩残留によるけい素化物の焼付きあるいは窒化物層などの化合物層が形成されるという金属表面変質を招くことがある。これらはいずれも脱脂工程や酸処理工程での除去洗浄性を悪化させる要因になり、めっき品質不良トラブルの原因になりやすい。従って窒素雰囲気中での熱処理を行う場合には、前もって脱脂洗浄を十分行なって汚れを除去しておく必要がある。

　従って、金属素材の2次成形加工前後の熱処理が欠かせないのであれば、熱処理に伴う金属表面に形成される変質層をめっき加工前の前処理で適切に除去洗浄できることがめっき品質に大きく影響してくる。

 表面粗さの調整方法

　素材表面の粗さ、あるいはめっき表面の粗さは、めっき加工品の外観、耐食性、機械特性など、品質特性に大きく影響してくるので、表面粗さの調整は重要な処理であり、必要に応じた適切な表示を設計図面やめっき設計仕様書に明記しなければならない。

1．物理的（機械的）な表面調整方法

　物理的な外力による研削で表面粗さを調整する方法は、2次成形加工の時点あるいは2次成形加工された後に表面粗さ調整を必要とする場合に行なわれる。主な方法には、

　①切削加工、②研削加工、③円筒内面を研磨するホーニング加工、④円筒外面を粒度の細かい＃600～＃1500程度の"と粒"で仕上げる超仕上げ（超研磨加工）、⑤バフ研磨加工、バレル研磨加工などがある。

　これらは、図3-20に示すように物理的に表面粗さの山の部分から削り取り平滑化していくもので、粗さの谷の部分まで削り取るには、その分の削り代が伴うので、寸法精度のうるさい部品の設計図面には許容される削り代を含む表面調整の表示が必要になる。

　ここで注意すべきことは、2次成形加工あるいは表面調整のために行なった

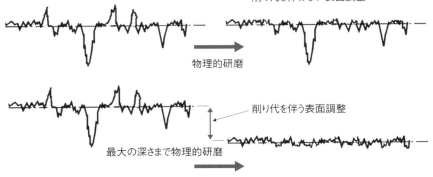

図3-20　物理的研磨の場合の表面粗さ調整の状態例

切削加工または、と粒を用いた研削加工やバフ研磨、バレル研磨加工の場合、次のような欠陥ができてしまう場合があるので、切削バイトのメンテやと粒の状態管理が重要になってくる。
（トラブル事例）．切削加工の欠陥や研削加工の欠陥について
　切削加工には、棒状の金属材料を回転させながら切削工具（バイト）を用いて削り、成形加工するものと板状の金属材料を直線運動させながらバイトで平削りし成形加工するものなどがある。あるいはドリルによる穴あけ加工も切削加工に分類される。
　切削加工では、図3-21に示すように、切削時にせん断面（切りくず）に生じる発熱、バイトとの摩擦による発熱など大きな発熱を伴う。例えば、鋼材の切削では切削時バイトの刃先温度は約1000℃近くになると考えられる。この発熱をいかに小さくするかが切削面に影響してくるので、切削加工油を多くすることによる潤滑が重要になる。
　バイトが摩耗し、切れ味が悪くなるとさらに発熱がひどくなり、切りくずの溶着やバリの発生など、切削面に不良欠陥が生じる。このような状態の切削面を正常な切削面の状態と比較してみると、図3-22に示すようになる。
　めっき加工した際、正常な切削面のめっき仕上がりに対して溶着部分やバリ部分にめっき欠陥が生じて"さび発生"や"ふくれ発生"および"ざら発生"

第3章　設計者のための基礎知識（その2）表面処理と成形加工

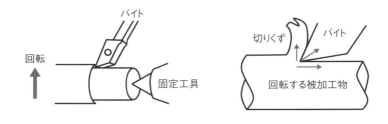

図3-21　切削加工の概略図

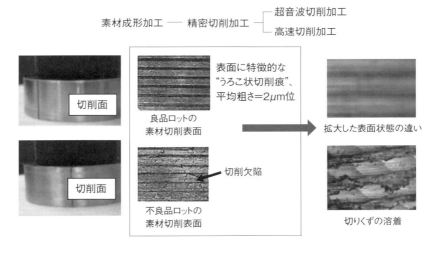

図3-22　通常切削加工における切削表面のばらつき状態

などが起こりやすくなる。被めっき物の材質も切削性をよくする目的から各種金属の快削材が使われるようになっている。快削材には、快削性をよくする目的で硫黄（S）、鉛（Pb）、ビスマス（Bi）などが添加されているので、めっき加工時の脱脂洗浄や酸処理では、快削成分の選択抽出による"孔食"（pittingまたはpit corrosion）の発生や"肌荒れ"に注意が必要である。

　従って、切削加工を必要とする部品の設計図には、切削材の材質および切削加工による表面性状としての表面粗さ（最大あらさRz）を指示する必要性が

ある。あるいは成形加工素材の表面調整として物理的研磨あるいは化学的研磨による処理の有無とめっき膜厚との関係から表面粗さをどの程度に仕上げるかの記載が必要になる。

　研削加工では、酸化アルミニウム（アルミナ）、炭化ケイ素（カーボランダム）、ダイヤモンドなどの"と粒"を用いた研削工具で金属材料を削り出す成形加工でグライディング加工などがある。この加工は、微小な"硬いと粒"を固めた研削工具で削り出すときに工具の摩滅により図3-23に示すように、"と粒"が金属表面に食い込んでしまうことがある。

　対策としては、研削工具の定期的なメンテ管理が重要であり、めっき生産管理の面ではめっき加工前の処置として、脱脂洗浄後および酸処理後に超音波洗浄などを導入して、、物理的、化学的に食い込んでいる"と粒片"を被めっき物表面から脱離させることが必要になる。しかし、"と粒片"はアルミナ（Al_2O_3）や炭化ケイ素（SiC）またはダイヤモンド（C）が多く、酸処理中での超音波洗浄で時間を掛けて除去する方法しかないので、と粒加工の条件の改善で極力"と粒"の食い込みを防ぐ対策が必要になる。

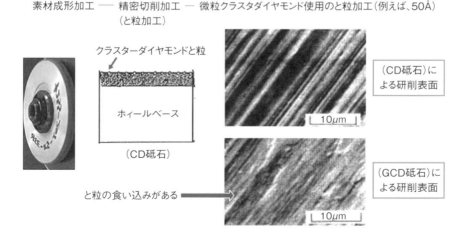

図3-23　と粒による研削加工例

２．化学的表面調整方法

　化学的表面調整方法には、研磨用水溶液を用いて浸せきして研磨を行う"化学研磨法"と被研磨物（金属素材）を陽極側にセットして電解しながら研磨を行う"電解研磨法"とがある。いずれの方法も物理的研磨と異なり金属表面を溶解しながら表面粗さを調整するものである。しかし、金属表面を溶解させることに表面がさらに粗化されてしまうエッチング現象が起こってしまう恐れがある。従って金属素材に適した①研磨液の選定、②研磨条件の選定、③研磨液の濃度管理、④研磨液老化度の管理、⑤研磨液の温度管理、などを含め、被研磨物である金属表面での電気化学反応をよく理解して制御する管理力（ソフト面）と研磨用設備（付帯設備含む）の工夫と維持管理する現場力（ハード面）の両立が不可欠で安定した表面調整を行う技量が必要になる。

　主な金属素材の化学研磨液組成と研磨条件の参考例を次に示す。

①アルミニウム合金素材の化学研磨

　アルミニウムおよびその合金素材に適した化学研磨液は、かなり多くの種類が公表され実用化されているが、系統別にすると次の２種類に大別できる。

　（１）リン酸―硝酸をベースとする化学研磨液
　（２）ふっ酸―硝酸をベースとする化学研磨液

表3-3　アルミニウム及びその合金材用化学研磨液の組成（参考例）

組成＼研磨液	一般的化学研磨液	EW法	ドイツ特許法
64%HNO_3	200〜300ml／L	100〜200ml／L	10〜50ml／L
HBF_4			20〜50ml／L
85%H_3PO_4	500〜600ml／L		
$NH_4F \cdot HF$		50〜100g／L	
Cu,Niの硝酸塩	適量	適量	適量
その他添加剤	適量	適量	適量
界面活性剤	適量	適量	適量
温度	90〜120℃	20〜50℃	20〜50℃
処理時間	数秒〜数分	数秒〜数分	数分

表3-4 銅および銅合金材用化学研磨液の組成（参考例）

組成＼研磨液	純銅材用	銅合金材用	銅、銅合金材用
64%HNO₃	300〜500ml／L	100〜200ml／L	
98%H₂SO₄	300〜500ml／L		100〜200ml／L
85%H₃PO₄		300〜600ml／L	
37%HCl	適量		
氷酢酸		100〜200ml／L	
55%H₂O₂			200〜400ml／L
界面活性剤	適量	適量	適量
その他添加剤	適量	適量	適量
温度	20〜30℃	50〜80℃	30〜50℃
処理時間	数分	数分	数分

　化学研磨液の管理は、酸化剤である硝酸濃度の最適濃度を把握することであり、最適濃度のときアルミ溶出速度が最小となり、被研磨物と研磨液界面にバリア層ができアルミ素材表面からバリア層への溶出と研磨液中への溶解が一定のバリア層を通して行なわれる時光沢研磨が行なわれると考えられている。従って、処理温度、処理時間の綿密な管理と研磨状況の把握からの液更新など実務経験が必要になる。それぞれの主な組成を表3-3に示す。

②銅および銅合金の化学研磨

　銅および銅合金素材の化学研磨は、古くからキリンス処理仕上げと呼ばれ行なわれている。多くの市販品が提供されているが、化学研磨による削り代は数μm〜10数μmと幅があるので目的に合った条件管理が必要になる。設計図面に削り代を含め表示することが望ましい。主な研磨液の組成と研磨条件を表3-4に示す。

③鉄鋼材の化学研磨

　低炭素鋼から高炭素鋼まで幅広く利用されている金属素材なので、それぞれの素材に適合した化学研磨液の選定が重要になる。数多くの市販品が提供されており、研磨面の安定化と化学研磨削り代が管理しやすい研磨液が好ましい。

　主な研磨液組成と研磨条件を表3-5に示す。

表3-5　鉄鋼材用化学研磨液の組成（参考例）

組成＼研磨液	低炭素鋼材用	中炭素鋼材用	高炭素鋼材用
縮合リン酸			300～600ml／L
98%H_2SO_4	適量		10～50ml／L
$NH_4F・HF$		30～80g／L	
無水クロム酸	20～50g／L		
55%H_2O_2	10～20ml／L	10～100ml／L	
界面活性剤	適量	適量	適量
その他添加剤	適量	適量	適量
温度	20～30℃	20～30℃	100～130℃
処理時間	数10分	数分	数秒～数分

④ステンレス素材の化学研磨

　ステンレス素材は文字通り優秀な耐食性を示すので、化学研磨液も強酸でしかも高温度で研磨処理をする場合が多い。最近、微細部品にもステンレス材が多く使われるようになり化学研磨処理による表面調整の必要性がかなり高まっている。

　ステンレス材の種類としてはSUS304を代表とするオーステナイト系やSUS430のフェライト系ステンレス材の化学研磨処理が一般的に多い。

　ステンレス材の化学研磨液成分について、そのメカニズムについてはまだ十分解明されているわけではないが、基本的な成分としてステンレス材の不動態化を抑制するための塩酸（HCl）と素材中の難溶解性成分の溶解を促す役割をする硝酸（HNO_3）を組み合わせた研磨液が市販品に多くみられる。主な研磨液組成と研磨条件について、いくつかの参考例を表3-6に示す。

⑤各種金属素材の電解研磨

　電解研磨法が工業的に多く応用されているのは、研磨を最終仕上げ工程とするステンレス製の部品あるいはアルミニウムおよびその合金材の陽極酸化処理の前処理としての研磨である。また、めっき加工前の素材表面の調整として電解研磨することも実用化されている。各種金属素材の電解研磨液は一般的にリン酸をベースとする市販液が多くみられる。

表3-6 ステンレス材用化学研磨液の組成（参考例）

組成 \ 研磨液	SUS304系	フェライト系	その他ステンレス材用
64%HNO_3	200～400ml／L		10～30ml／L
98%H_2SO_4	50～100ml／L	10～20ml／L	50～100ml／L
85%H_3PO_4			5～10ml／L
37%HCl	200～400ml／L		5～10ml／L
縮合リン酸		100～300ml／L	
$NH_4F \cdot HF$	50～100ml／L		
界面活性剤	適量	適量	適量
その他添加剤	適量	適量	適量
温度	90～100℃	90～100℃	90～100℃
処理時間	数秒～数分	数秒～数分	数秒～数分

❺ 2次成形加工品の素材洗浄方法

　湿式めっきおよび乾式めっきなど、めっき加工を行う場合の素材洗浄はめっき加工品の品質に大きな影響を与える。その素材洗浄方法としては、湿式めっきの場合、乾式めっきの場合、共に湿式洗浄方法が用いられている。

1．洗浄とは

　金属素材、プラスチック素材、セラミック素材、ガラス素材など、洗浄をする目的には、いろいろなことが考えられる。材料外観の向上のため、表面処理を行う下地処理としての脱脂、エッチング、衛生的な表面品質を得るため、などの目的から表面洗浄が行なわれる。さて、洗浄とはを改めて考えてみよう。洗浄の基本は図3-24に示す工程と考えられる。

　洗う工程では、洗剤の種類によって、ⓐ水系洗剤や有機溶剤などが具備する汚れに対する溶解力、ⓑ界面活性剤による汚れに対する界面活性力、ⓒ水系洗剤の酸性、アルカリ性成分による汚れに対する化学反応力、およびそれに加えて物理的な補助作用としての物理力が重要になってくる。

　素材表面あるいは表面層に食い込んでいる汚れには無機系の汚れ、有機系の

第3章 設計者のための基礎知識(その2)表面処理と成形加工

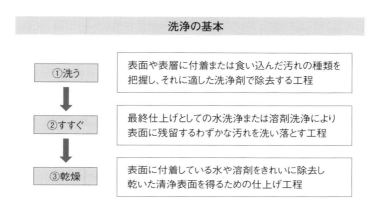

図3-24 洗浄のメカニズムをきっちり理解する

汚れ、あるいはそれらの複合物汚れなどあらゆる形態で付着または焼付きあるいはこびり付きの状態で強固な層を形成している状態である。

これらの汚れを洗い落とすことが洗浄であり、洗浄方法が単独あるいは複合組合せで構築される。中でも各種洗浄剤による湿式洗浄技術が多く用いられている。

有機溶剤については引火性のないものをできるだけ選択したいが、大気放出の可能性および分解しにくいことからの大気汚染問題も十分考慮して洗浄剤の選定と管理および乾燥時の取扱いと環境保全活動の強化が重要になってくる。

2．洗浄工程の管理
(1) 洗浄工程の特徴と実務の要点

水系洗浄剤について、取り上げてみる。

各種金属素材、各種プラスチック素材、各種セラミック素材および各種ガラス素材などは、成形加工されることによる加工油の付着汚れ、成形加工や熱処理による変質層や各種汚れ付着層などが形成されているため、例えば、めっき加工を行う被めっき物表面としては不適切な状態にある。そこで、清浄な表面を得るためには、脱脂洗浄処理、エッチング処理、活性化処理および各種めっ

き処理など、湿式および乾式の表面処理を行う前にまず脱脂洗浄工程で親水性のある表面、つまり水濡れ性のよい被めっき物表面を作り上げなければならない。水濡れ性のよい被めっき物表面にすることがエッチング処理や活性化処理がむらなく行える前提条件になる。

(2)【例】めっき加工における素材の種類と洗浄工程の勘どころ

　めっき加工が行われる素材を大別すると、次の4つに分類することができる。
　それは、①金属素材、②プラスチック素材、③セラミック素材、④その他ガラス素材など、であり、それぞれの素材にはそれぞれの特徴があり、それぞれの役割がある。めっき加工に適した素材として具備していなければならない性質を拾い上げると次のようになる。

(a) めっき加工しやすく、密着性のよい処理方法が手軽に得られること。
(b) 成形加工しやすく、成形品全体が均一な同じ素材成分であること。しかも成形品の角部に曲率（R）が付けやすかったり、加工歪みができるだけない状態でしかも可能な限り軽量であること。
(c) 成形方法としてできれば塑性加工ができる素材成分の方がよい。やむを得ないときは粉末成形加工した後に焼成などの固化処理を行う。
(d) 耐熱性が高く、寸法精度がよく精密部品をはじめ用途範囲が広いこと。
(e) 耐腐食性が高い方がよい。

　以上のことをすべて満足する素材はない。従って、めっき加工の必要性と要求品質の程度からめっき素材の選択が行われるのである。例えば、金属素材では総じて展延性がよいので塑性加工しやすい。加工油を用いたプレス成形や切削加工ができる。耐熱性については融点が数100℃から数1000℃程度で良好な領域である。今後の素材動向はより耐熱性を求めた合金化である。

　めっき加工性については各種金属素材について後述するが総じてめっきしやすい。しかし、金属素材は唯一耐腐食性に難がある。めっき加工で耐食性を向上できるものはよいが、マグネシウムおよびマグネシウム合金素材のように難しいものもある。

　次にプラスチック素材では成形加工の点から熱可塑性樹脂を主体にして開発されてきたが耐熱性に難点があった。その改善策として生まれたプラスチック

素材がエンジニアリングプラスチック材料（エンプラ材料）である。常用耐熱100℃以下である汎用プラスチック素材、100℃以上150℃以下である汎用エンプラ、さらに150℃以上300℃程度（はんだ耐熱）のスーパーエンプラなどが開発され、耐熱性も確保されている。耐熱性、加工性を考えた今後の動向に金属素材と同様な合金化（ポリマーアロイ）がある。

めっき加工のしやすさを含め、各種プラスチック素材に対する前処理方法は重要である。また、セラミック素材は、金属素材と同様に無機材料である。金属酸化物や炭化物などの無機化合物を粉末成形し、その後焼成して固化させたもので、絶縁性、耐熱性、耐食性に極めて優れ、かつ高誘電性など優れた特性をもっているため、エンジニアリングセラミックスとして工業分野で幅広く活用されている。これらの素材にめっき加工して金属被覆することの必要性から各セラミック素材への金属被覆方法は、大別すると次のようになる。

①セラミック素材全面またはマスキングして部分的に湿式めっき法にて金属を被覆してから後加工を行うプロセス

②セラミック素材の一部に貴金属ペースト（Ag、Pdなどの貴金属粉末にガラス成分などバインダーを混ぜたもの）あるいは高融点金属ペースト（W、Moなどの高融点金属粉末にガラス成分などバインダーを混ぜたもの）を印刷塗布・焼成・固着させた後、湿式めっき法にて目的とする金属を被覆させるプロセス

③セラミック素材に真空蒸着など乾式で金属薄膜を形成させた後、湿式めっき法にて目的とする金属を被覆させるプロセス

以上の各種めっき素材がめっき加工工程に持ち込まれる前に表面洗浄工程が必要になる。そこで金属素材以外の各種素材の洗浄について素材ごとに枠組みをして要点を示す。

さて、めっきを必要とする部品設計において、最も多く用いられる金属素材の成形加工品におけるめっき加工の役割はますます多様化している。JIS規格で標準化されためっき種もあればJIS規格で標準化されていない新たなめっき種などを含め、最も実用的で品質、コスト、納期の面で付加価値が高く、水溶液の中での電気化学反応を理解しながら制御して行なう湿式めっき加工仕上げ

(1) プラスチック類；
　　　プラスチックの種類は多く、その中には、溶剤、酸、アルカリ、熱
　　などに対して弱いものがあるので、プラスチックの性質を前もって
　　理解しておく必要がある。

一般的な性質：　①親水性汚れは比較的付着しにくく、油性汚れを吸着しやすい。
　　　　　　　　②弱酸（ギ酸、酢酸などの有機酸）に侵されるもの
　　　　　　　　　　　ポリエステル、けい素樹脂、酢酸セルローズ、
　　　　　　　　　　　フェノール樹脂
　　　　　　　　③弱アルカリに侵されるもの
　　　　　　　　　　　フェノール樹脂、尿素樹脂、ポリエステル、酢酸
　　　　　　　　　　　セルローズ
　　　　　　　　④極性有機溶剤には多少なりとも侵されるものが多い。

汚れの洗浄：　　油性汚れが吸着、浸透している場合が多いので、極性を持たない
　　　　　　　　アルコール系溶剤に界面活性剤を入れ、超音波洗浄を用いる。

汗、指紋の除去：精密洗浄でしばしば問題になる汚れに、指紋残りがある。
　　　　　　　　汗や指紋には、固形成分、無機物、塩化物、硫化物、尿素、
　　　　　　　　アンモニア、アミノ酸、乳酸、糖類など、多種類の成分が含
　　　　　　　　まれている。それを精密洗浄効果はある。

(2) シリコン類；
　　　シリコンには、無定形のものと、結晶系のものがある半導体原料は
　　結晶系である。

一般的な性質：　①結晶シリコンは科学的に安定でふっ化水素酸に溶解しない。
　　　　　　　　②高温においては、薄いアルカリ水溶液に容易に溶解する。
　　　　　　　　　　　$Si + 2OH^- + H_2O \rightarrow SiO_3^{2-} + 2H_2$
　　　　　　　　③多種の汚れ、加工歪層、は半導体の特性に悪影響を与える
　　　　　　　　　のでウェハの洗浄は精密に何回も繰り返して行う。

汚れの洗浄：　　加工歪層を除去する工程として、ふっ酸と硝酸をベースにした
　　　　　　　　酸に反応促進剤として臭素やよう素、さらに酢酸など緩衝剤を
　　　　　　　　使用。

汗、指紋の除去：精密洗浄でしばしば問題になる汚れに、指紋残りがある。
　　　　　　　　汗や指紋には、固形成分、無機物、塩化物、硫化物、尿素、
　　　　　　　　アンモニア、アミノ酸、乳酸、糖類など、多種類の成分が含
　　　　　　　　まれている。それを精密洗浄するためには、超音波洗浄効果
　　　　　　　　はある。

> **(3) ガラス類；**
> 　　　　　　　　ガラスには、純粋なSiO_2がきちんと立体的に連鎖している水晶、ほとんど純粋な酸化ケイ素だが急冷製造時に結晶格子に歪が生じる石英ガラス、Na_2OやCaOなどを混ぜたソーダ石灰ガラスなどがある。
> 一般的な性質：　①水晶は科学的に安定である。
> 　　　　　　　　②高温においては、濃いアルカリ水溶液に溶解する。
> 　　　　　　　　　　　$SiO_2 + 2OH^- \rightarrow SiO_3^{2-} + H_2O$
> 　　　　　　　　③多種の汚れ、加工歪層、はガラスの強度に悪影響を及ぼす。
> 汚れの洗浄：　　加工歪層を除去する工程として、アルカリ水、アルコール溶液での洗浄、または硫酸や塩酸による酸洗浄もよいがソーダ石灰ガラスの場合は、NaやCa分の溶出に注意しなければならない。
> 汗、指紋の除去：精密洗浄でしばしば問題になる汚れに、指紋残りがある。汗や指紋には、固形成分、無機物、塩化物、硫化物、尿素、アンモニア、アミノ酸、乳酸、糖類など、多種類の成分が含まれている。それを精密洗浄効果はある。

あるいはその上に乾式めっき法で湿式では得られない機能特性を付与する複合めっき仕上げなど、多様化を考慮しつつ最も適用範囲の広い湿式めっき加工の工程について設計者として身に付けておいてほしい基礎知識を次にまとめて示す。これは部品設計において設計品質をより高めるために必要であると考える。

　湿式めっき処理の工程は、金属素材種、部品形状、めっき種、求める機能特性などを考慮してめっき試作を繰り返しながら工程確立を図ることから始まるのが一般的である。

　図3-25に金属素材上の湿式めっき処理の工程管理図を示す。示した工程図のように、金属素材のそのときの成形加工や必要に応じた前段加工のばらつきにより、めっき加工の特に前処理工程を微妙に変化させなければならない状況にしばしば遭遇する。

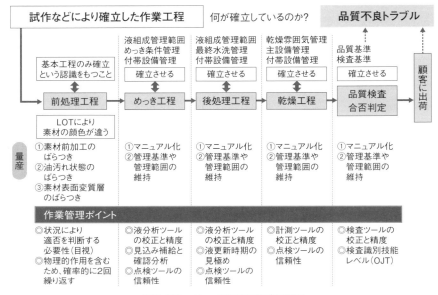

図3-25 めっきQC工程概略図

(3) 金属素材のアルカリ脱脂洗浄

水はじきを起こすような汚れの種類としては一般的に有機物による汚れが考えられ、次のようなものがある。

①各種金属素材の場合、圧延ロール材や線材など原材料に付着する油分、さらにプレス加工、切削加工など成形加工油の付着
②各種金属素材で鋳物やダイキャスト、粉末成型など型成形加工の場合の離型剤
③各種金属素材を用いた成形加工後、防錆を目的として塗布する防錆剤
④各種金属素材を用いた成形加工後、熱処理で用いる焼入れ油
⑤成形加工後バフ研磨加工などを行った場合の油性研磨剤
⑥プラスチックやセラミック素材などの場合の離型剤
⑦人の介在による指紋や汗などの油分、有機物の付着

このような油分を主体とする有機物汚れを除去する方法には、予備脱脂洗浄を主目的とする方法と仕上げ脱脂（本脱脂）洗浄を主目的とする方法に分類することができ、適切に組み合わせる必要がある。

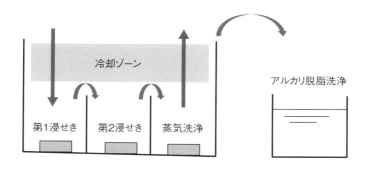

図3-26　炭化水素系有機溶剤による脱脂洗浄

(1) 炭化水素系有機溶剤に浸せきし溶解させて除去する方法と界面活性剤を含むアルカリ脱脂剤に浸せきして仕上げ洗浄する組み合わせ方法

以前多様されていた塩素系有機溶剤（例えば、トリクロロエチレン、パークロロエチレン、メチレンクロライドなど）は大気汚染物質として規制されたため、それに替って沸点150℃～200℃程度の炭化水素系有機溶剤（例えば、ナフテン系、ノルマルパラフィン系、イソパラフィン系、芳香族系の4種類）が主に使われ、図3-26に示すように通常3段（第1浸せき、第2浸せき、蒸気洗浄）の脱脂洗浄が行われ、その後仕上げ脱脂洗浄として界面活性剤を含むアルカリ脱脂剤に浸せきして水濡れ性を確保する脱脂洗浄法である。

(2) 石油系有機溶剤を界面活性剤で乳化（エマルション）させた乳化溶剤を弱アルカリ性水溶液で希釈したエマルション脱脂剤（浴温50℃～60℃）に浸せきし溶解させて除去する方法と界面活性剤を含むアルカリ脱脂剤に浸せきして仕上げ洗浄する組み合わせ方法

このエマルション脱脂では通常2段処理が多く、1段目で浸せきにより汚れ分を溶解させ、引き上げたところでスプレーにより脱脂剤を吹きかけ物理化学的に汚れを洗い落とし、2段目で加温水をスプレーして付着したエマルション脱脂液を洗い落とす。その後仕上げ脱脂洗浄として界面活性剤を含むアルカリ脱脂剤に浸せきして水濡れ性を確保する脱脂洗浄法である。

(3) 界面活性剤を含むアルカリ脱脂剤に浸せきして予備脱脂洗浄をした

後、さらに同様のアルカリ脱脂剤で仕上げ洗浄する組み合わせ方法

　予備脱脂洗浄として適切な水系の界面活性剤を含むアルカリ脱脂剤に浸せきして油汚れを除去した後、仕上げ脱脂洗浄に適した界面活性剤を含むアルカリ脱脂剤（ただし予備脱脂洗浄剤と仕上げ脱脂洗浄剤が同じでも構わない）に浸せきして水濡れ性を確保する脱脂洗浄法である。

（4）金属素材用アルカリ脱脂剤の選定について

　アルカリ脱脂剤の選定に当って、市販品の種類があまりにも多いのにびっくりされると思う。なぜ、こんなに多くのアルカリ脱脂剤が市販されているのだろうか？

　それは被めっき物の材質、成形加工歴、加工油の種類、被めっき物の形状などの違いにより加工油の素材への食い込みや変質した油汚れのこびり付きなど、被めっき物表面状態のばらつきが大いに影響している。

　さらに、めっき加工設備面での制約、例えば、処理時間、処理温度、処理方法なども関係してくる。そこで、アルカリ脱脂剤の適切な選定に当ってどのような知識が必要かを考えてみよう。理解しやすくするために選定に当っての各種要素を図3-27に示す。

　アルカリ脱脂剤の選定に当ってまず大きな制約条件は、被めっき物の材質である。鉄鋼素材はかなりの高アルカリ（pH12以上）、高温度（60℃以上）での脱脂処理に耐えられるが、銅合金素材ではpH11前後のアルカリ度、温度50～60℃程度が望ましく、アルミ合金素材、亜鉛合金素材ではpH9～10程度、温度60℃以下などと限られたアルカリ度の範囲と温度範囲で脱脂力のある薬剤を選定しなければならない。そのためにはpH領域に適したアルカリビルダーの選定と界面活性剤の選定が大きな影響を与える。しかも油の乳化、油分離、老化廃液の処分など、総合的にみた排水処理性、環境低負荷性も考慮しておかなければならない。NaOH以外のアルカリビルダー（ケイ酸塩、リン酸塩、炭酸塩など）それぞれの種類について各塩類の水溶液のpH領域と脱脂洗浄性の能力比較を行うと図3-28のようになる。

　図3-28に示した各種アルカリビルダーの脱脂洗浄性の比較は、界面活性剤としてオレイルポリオキシエチレンエステル系のものを用い、アルカリビル

第3章　設計者のための基礎知識（その2）表面処理と成形加工

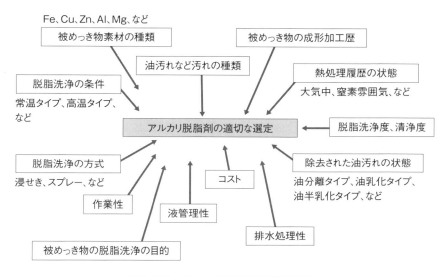

図3-27　アルカリ脱脂剤の選定要素

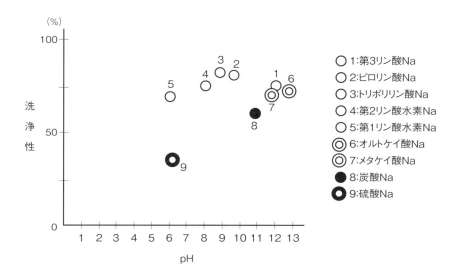

図3-28　各種アルカリビルダーのpHにおける脱脂洗浄性

ダー濃度20g／L（ただし、NaOHとの混合についてはNaOH濃度10g／Lを追加したもの）、浴温度50℃におけるプレス加工油の脱脂洗浄性比較である。

図3-28から判断すると、次のようなことがあげられる。
①脱脂洗浄性の能力はpHが高くなるに伴い向上する傾向がみられる。
②pH12以上の領域ではリン酸塩もケイ酸塩も同等の脱脂洗浄性を示している。
③pH11程度の領域でもトリポリリン酸塩やピロリン酸塩の脱脂洗浄性が優れている。

以上のことからポリリン酸塩、特にトリポリリン酸ナトリウム（$Na_5P_3O_{10}$）は、アルカリ側でのpH緩衝作用があること、乳化油の分散作用があること、および錯化作用があることからアルカリビルダーとしての能力が高いことを示している。ただし、排水処理におけるリン規制に注意しなければならない。

界面活性剤の種類によって乳化力の強い乳化型脱脂剤、あるいは半乳化型脱脂剤、および油分離型脱脂剤に分かれる。また、使用できる温度範囲からみると、25℃～60℃使用の常温型脱脂剤、60℃以上で使用の高温型脱脂剤、および全温型脱脂剤に分類することができる。脱脂洗浄性は温度が高いほど効果的であるが、被めっき物の材質や形状面から選定する。設計者としては、成形加工素材の材質、成形加工方法と加工油の種類（成形加工素材と加工油付着期間による反応性による脱脂不全が起こる可能性含む）など"ねらい品質"に影響する項目は把握しておく必要がある。

（5）アルカリ脱脂洗浄に効果的な物理的補助装置の種類について

アルカリ脱脂剤に浸せきして油汚れを除去する脱脂洗浄作用は、界面活性剤が主役となる油汚れへの浸透作用、油汚れを乳化する作用および乳化した油汚れを被めっき物表面から脱離分散させる作用という物理化学的な作用であり、それに加えてアルカリビルダーによる油脂類の分解と水溶性化（けん化反応）および脂肪酸の中和反応など化学作用が一部含まれるが、専ら油汚れのはぎ取りという物理的な要素が大きいと考えてよい。

従って、外部から物理的な補助作用を加えることは脱脂洗浄効果を高めることが期待できる。ではどのような物理的補助作用を加えるとよいか拾い上げてみよう。

第3章　設計者のための基礎知識（その2）表面処理と成形加工

（a）加温装置；

脱脂剤を加温することにより油汚れが軟化すると共に脱脂液の対流が起こり、界面活性剤の浸透、乳化、分散作用が高まる。

（b）プロペラかくはん装置；

空気かくはんでは界面活性剤の発砲が激しくなり作業しにくくなるので、プロペラかくはんが適している。これにより脱脂液の対流が強くなり被めっき物表面からの油汚れのはぎ取り力が高まる。

（c）被めっき物の揺動装置；

被めっき物を上下に揺動させることにより脱脂液の循環が促進されると共に被めっき物表面からの油汚れがはぎ取りやすくなる。上下ストローク10cm程度で50回程度以下／分。

（d）バレル回転装置；

被めっき物が小物部品の場合に効果的である。開孔なしのバレルに脱脂液と被めっき物を一緒に入れてバレル回転させ脱脂する場合と被めっき物をバレルに入れて脱脂液中で回転させる場合とがある。回転または揺動バレルがよく、回転数は低めにする。

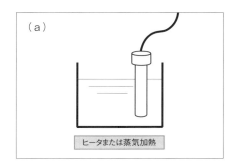

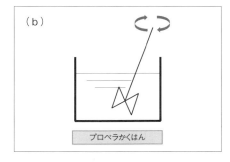

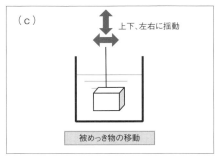

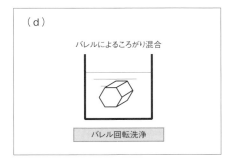

（e）超音波振動装置；

脱脂液中で直接または脱脂液外で間接的に超音波振動を被めっき物に加え、周波数および音波強度に基づくキャビテーションによる油汚れの破壊と脱離を促進する。周波数は25KHz～50KHz程度

（f）超振動装置；

脱脂液中に複数の振動板をセットし、それを激しく振動させることにより液中に強い直進波を作りそれにより被めっき物表面の油汚れを効率的にはぎ取る。振動板の振動回数は強いほどよいが、装置上の耐久性から60～70回／分程度が適当であろう。

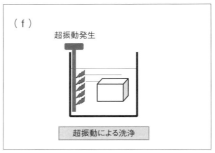

（g）スプレー装置；

（a）～（f）までの装置は脱脂液中で被めっき物表面の油汚れを除去する方式であるが、スプレー装置の場合は空気中に被めっき物をセットしてそこにスプレーにより脱脂液を吹き付けて被めっき物表面から油

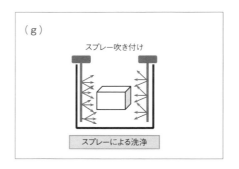

汚れを洗い落とす方式である。スプレー圧としては、目安として1～50kg／cm^2位が適当ではないかと考える。

　以上のような脱脂洗浄効果を高める物理的な補助装置は複数併用することも考えるとよい。

（6）アルカリ脱脂剤に含まれる界面活性剤の働きについて

　界面活性剤とは、液体と液体の界面、金属と液体の界面、固体と固体の界面に存在し吸着して両者を馴染ませる作用など、界面で働きをする物質のことで

ある。

　基本的な分子構造は、油に馴染みやすい高分子の炭化水素鎖の部分（親油性基または疎水性基という）と水に馴染みやすい部分（親水性基という）とからできていて、1分子内に2つの性質を兼ね備えている。そのため、それらの界面に集まりやすい性質を持ち、界面で働き活性化して界面の性質を著しく変えるなどの影響を与えるものである。

　界面活性剤はその分子構造からノニオン型（非イオン型）界面活性剤、アニオン型（陰イオン型）界面活性剤、カチオン型（陽イオン型）界面活性剤および両性型界面活性剤の4種類に大別することができる。そのうち、アルカリ脱脂洗浄剤にはノニオン型界面活性剤とアニオン型界面活性剤が併用して用いられる場合が多い。それぞれの特性を簡単に述べる。

①ノニオン型界面活性剤（非イオン型界面活性剤）；

　ポリオキシエチレンアルキルフェニルエーテル、ポリオキシエチレンアルキルエーテルあるいはポリオキシエチレンソルビタン脂肪酸エステルなど、疎水性基にポリオキシエチレン（POE）基をもつノニオン型界面活性剤が多く用いられる。一般的に湿潤性、洗浄性、乳化性、分散性に優れ、有機汚れ、無機系汚れの洗浄性に優れている。ただし、POE基の直鎖炭素数が多くなると"曇り点"（Cloud Point）を示す温度が低下して脱脂洗浄剤の温度を上げることができなくなるので、高温タイプ、全温タイプの脱脂洗浄剤を選択するには炭素数9～10位のノニオン型界面活性剤を選定する必要がある。アニオン型界面活性剤との併用は互いの役割を補い合い、より効果的になる。

②アニオン型界面活性剤（陰イオン型界面活性剤）；

　脂肪酸モノカルボン酸塩、アルキルベンゼンスルホン酸塩、n-アシルサルコシン酸塩などのアニオン型界面活性剤が一般的に用いられ、金属への濡れ性をよくし、極性汚れに対する洗浄性がよい。

　界面活性剤による脱脂のメカニズムを油汚れが付着している被めっき物をアルカリ脱脂洗浄剤の中に入れたときから模式図を示しながら考えてみよう。

（a）湿潤および浸透作用；

油汚れの部分に界面活性剤の親油性基が吸着し湿潤させながら油汚れをふやかし、油汚れと被めっき物界面に浸透して油汚れを包み込むようにミセルを形成する。その時、加温やかくはんなどにより脱脂液の対流が加速され、油汚れの粘性を下げはぎ取りやすくなる。

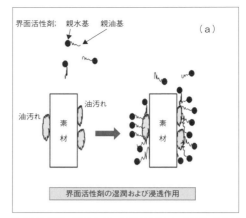

（b）乳化および分散作用；

界面活性剤が吸着し包み込まれた油汚れは乳化し、はぎ取られながら微粒化し脱脂洗浄液中に分散していく。その時油脂類や脂肪酸類が含まれている場合にはアルカリビルダーとの"けん化反応"や中和反応"が起こり石鹸が生成され、これも脱脂洗浄に関与する。

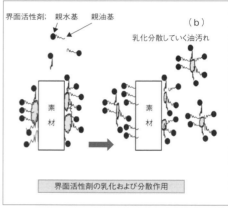

（c）再付着防止作用；

乳化・分散した油汚れは界面活性剤に包み込まれミセルの外周が界面活性剤の親水性基で覆われ可溶化した状態になり再凝集が妨げられると共に被めっき物表面は親水性となり油汚れの再付着が防止される。

以上のようなプロセスを通して油汚れは脱脂洗浄液に可溶化して

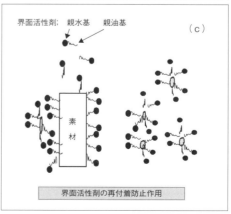

蓄積する。そのとき界面活性剤が消費されるが、油の可溶化量は概略3～10g／L位が限界と考えられる。

（7）アルカリ脱脂洗浄の温度効果について

アルカリ脱脂剤には、界面活性剤特にノニオン型界面活性剤の分子構造に起因してある温度から濁る、いわゆる"曇り点"(Cloud Point) Cp（℃）があり、アニオン型界面活性剤の分子構造に起因する水溶性の尺度"クラフト点"(Krafft Point) Kp（℃）がある。これは親油性基（疎水性基）であるポリオキシエチレン基や直鎖炭化水素の炭素数に関係があり、炭素数の多い少ないにより"曇り点"や"クラフト点"の温度が変化する。

直鎖炭化水素の炭素数と"曇り点"および"クラフト点"の傾向は図3-29のようになる。

直鎖炭化水素の炭素数が増加するとそれに伴って"曇り点"を示す温度域が低下してくる。親油性基の炭素数が増加すると親油性が勝り脱脂洗浄性はよくなるが親水性基とのバランスから親水性が低下し、ある温度域から界面活性剤

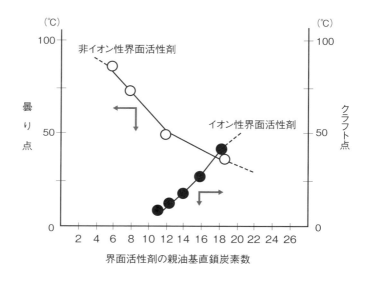

図3-29 界面活性剤の曇り点とクラフト点の傾向

がミセル形成して分離し出し濁るようになる。これでは界面活性剤の役割が低下し結果的に脱脂洗浄性が低下してしまう。また、アニオン型界面活性剤では親油性基の炭素数が増加すると水溶性が低下するので"クラフト点"以上の温度にしなければ溶解しにくくなる。

　従って、ノニオン型界面活性剤の種類やアニオン型界面活性剤の種類により、常温使用の「常温型アルカリ脱脂剤」、高温使用の「高温型アルカリ脱脂剤」あるいはノニオン型界面活性剤とアニオン型界面活性剤の併用を工夫することにより、常温から高温まで脱脂洗浄性が低下しない「全温型アルカリ脱脂剤」の3つのタイプに分かれてくる。

　元来アルカリ脱脂洗浄は、鉄鋼素材を主体に煮沸脱脂と言われたように、高温で脱脂洗浄する高温型アルカリ脱脂剤の使用が一般的に行われていたが、作業性と安全性および非鉄素材の「アルカリ焼け」防止の面から常温型アルカリ脱脂剤が誕生した経緯がある。

　常温型アルカリ脱脂剤、高温型アルカリ脱脂剤、および改善された全温型アルカリ脱脂剤の温度変化と脱脂洗浄性の傾向を示すと図3-30のようになる。

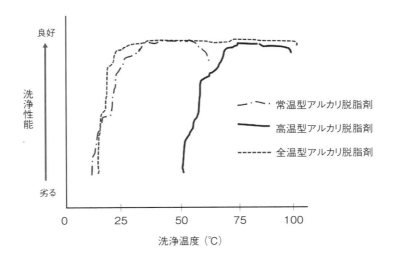

図3-30　アルカリ脱脂洗浄性の温度効果の傾向

図3-30からみられるように常温型アルカリ脱脂剤も高温型アルカリ脱脂剤も使用温度が高まると脱脂洗浄性がよくなる傾向がみられる。常温型アルカリ脱脂剤の場合は、前述したようにノニオン型界面活性剤の"曇り点"に達すると脱脂洗浄性の低下がみられる。高温型アルカリ脱脂剤の場合は、"曇り点"に達する温度が高くなる分、常温付近での脱脂洗浄性が劣ることがみられる。

このようなタイプの脱脂剤、特に常温型アルカリ脱脂剤を使用するときは、油汚れの種類による粘性や付着状態の影響を受けやすい。

それに対して全温型アルカリ脱脂剤の場合は、使用温度域が広いので油汚れの種類による粘性や付着状態に応じて使用温度を変化させて対応することができる利点がある。

脱脂洗浄するときは被めっき物の材質に適合したアルカリ度とビルダーの選定および脱脂洗浄温度をできるだけ高める効果を把握して適切な作業管理を心掛けることが重要である。

(8) アルカリ脱脂の基本は2回繰り返す

アルカリ浸せき脱脂での反応は、前述したように有機溶剤の油溶解力を利用した化学反応で冷浴、温浴、蒸気浴を組み合わせ、溶解速度と時間のファクターをコントロールして脱脂洗浄するのに対して、物理的要素の大きいメカニズムで被めっき物に付着している油汚れを剥ぎ取るため、こびり付き方で大きく変わってくるもので、それによって洗浄確率は左右される。そのために物理的な力を加味した少なくとも2段以上の繰り返し脱脂が必要になる。それに初段のアルカリ浸せき脱脂でどこまで剥ぎ取るかが重要なポイントになる。その一例を図3-31に示す。

初段目アルカリ脱脂→水洗(湯洗)→2段目アルカリ脱脂の組合せで、初段目に超振動(被めっき物に振動を与える方式)を組み入れた剥ぎ取り効果を高める。

さらに、油分離を効果的にするためと再付着防止をはかるためオーバーフロー方式を導入する。汚れ程度を目視確認し早めの液更新を計画する。水洗または湯洗いを組み込み超音波洗浄をし、付着している油汚れの物理的除去を促進する。

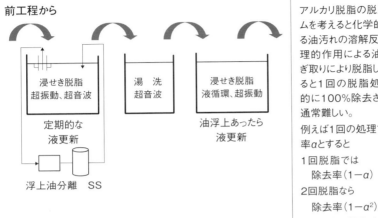

図3-31　2段アルカリ脱脂方式の例

　2段目のアルカリ脱脂には超振動または液循環を行って仕上げ脱脂を行う。仕上げ脱脂の目的から浮上油が確認されたら初段目の液更新時に液を移し替えて再利用をはかる。図3-31に示すように脱脂の繰り返し効果は初段目が重要で、初段目の除去残り率a_1、2段目の除去残り率a_2とすると、油汚れ除去率は$(1 - a_1 \cdot a_2)$となる。

　例えば、$a_1 = 5\%$、$a_2 = 5\%$とすると、1段脱脂のみでは95％の脱脂確率に対して2段脱脂することで脱脂確率は、$1 - 0.05 \times 0.05 = 99.75\%$に向上する。また、もし初段目の脱脂力が低下して脱脂除去残り率$a_1 = 20\%$、2段目の脱脂除去残り率$a_2 = 8\%$になった場合、初段のみでは脱脂確率80％であるのに対して2段脱脂すれば脱脂確率は$1 - 0.2 \times 0.08 = 98.4\%$となり脱脂力の安定化に効果的となる。

　洗浄の清浄度評価　；　金属部品の表面に残留する加工油分の定量検査方法

　2次成形加工した部品は多かれ少なかれ表面洗浄しなければならない。特に湿式あるいは乾式のいずれかの表面処理をする場合には、各処理工程の前処理

として重要な位置を占め部品の小型化・精密化・高機能化に伴い洗浄不良が部品の機能障害につながるといった不良モードになり得る状況が極めて多くなってきた。しかし、一方で表面処理を施さない部品で単なる洗浄をするだけという場合は、洗浄工程の合理化を追求して低コストで洗浄できる手法を選択する必要がある。さらに洗浄において、洗浄剤と地球環境との関わりが深く洗浄品質、洗浄コストの追求と同時に環境保全を考慮した洗浄方法を選択しなければならない。洗浄工程を設計するに当って、前述したように洗浄品質、洗浄コスト、環境負荷などを考慮するが、最も重要なことは要求する洗浄品質の評価方法を明確にすることである。

精密洗浄における部品洗浄の清浄度検査方法として、各種電子部品や自動車部品の洗浄で使用されている次の方法を紹介する。

この検査方法は従来から用いられていたn-ヘキサンや四塩化炭素といった有機溶媒で抽出した油分を赤外吸光光度法やガスクロ法で定量していた方法に対して、溶媒の安全性、油分抽出性能のレベルアップを考慮して炭化水素系油分測定用抽出剤（例えば東ソー製のHC-UV45）を用いて、洗浄を行った部品から油分、フラックス、イオン性汚れ、付着汚染粒子など汚染物を抽出し、その抽出液の汚れ状態について液体クロマト用紫外可視検出器を用いて検査し、標準物質のベンジルアルコールを用いて作成した検量線から抽出液中の油分など汚染物質量を定量して試験体表面積当たりの汚れ付着量を算出する検査方法が採用されている。この清浄度試験方法の手順は簡単で次のような手順で行う。

①：抽出用容器に予め脱脂洗浄された試験部品と一定量の炭化水素系抽出剤（例えば HC-UV45）を入れ、超音波照射をしながら試験部品に付着していると思われる汚れ分を抽出する。次に抽出液を一定量採取し、紫外可視検出器に抽出液を直接注入して吸光度を測定波長265nmで測定する。

②：ベンジルアルコール標準物質濃度：吸光度検量線から汚れの有無を定量する。

(9) 酸処理

酸処理工程では、素材によって酸の種類が異なるが、変質層の溶解と表面エッチングを主体とする化学反応でスケール除去などに効果的である。しかし、

不溶解性成分がスマットとして表面に残ることを頭に入れておく必要がある。

酸処理の役割は、大別すると図3-32に示すように2通りある。酸処理に使われる酸類は、無機酸と有機酸とがあり、無機酸には、塩酸やふっ酸などハロゲン化水素酸と硝酸、硫酸やスルファミン酸など酸素酸の2種類がある。有機酸には、メタンスルホン酸など有機スルホン酸とクエン酸、酢酸など有機カルボン酸の2種類がある。酸処理は、酸洗い（ピックリング）としての錆取りやスケール除去を行うと共に密着性と外観調整のための0.5～3μm程度の均一な粗さに仕上げる表面粗化（エッチング）という重要で欠かせない工程である。従って、金属素材の種類や熱処理によるスケールの状態によって酸処理を酸洗いと酸エッチングの2段階に分けて行う場合がある。

また、金属素材の種類や樹脂やセラミック素材の種類などに応じて酸処理の方法を選択する必要がある。

素材中の介在物（添加物や不純物）の量によっては、スケールや変質層の厚さは素材表面に不均一に分布しているため、厚さむらの境界で孔食（pitting corrosion）を起こしたり水素吸蔵による脆化を起こすことがある。それを防ぐため酸洗液の中に腐食抑制剤（インヒビター）を添加することが必要になる。

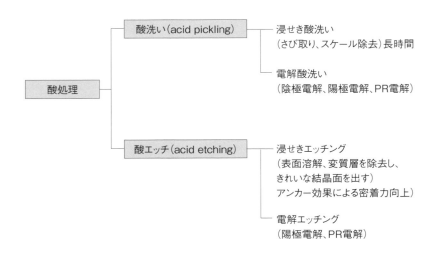

図3-32　酸処理の分類

◎水素脆性はなぜ起こるのか？

　水素脆性の要因として、めっき工程内での水素発生があげられる。例えば、前処理の酸洗工程において、表面にスケールと呼ばれる酸化鉄（FeO、Fe_2O_3）が存在する鉄鋼素材を塩酸で酸洗処理した場合、次のような反応が起きる。

①$FeO + 2HCl \rightarrow Fe^{2+} + 2Cl^- + H_2O$
②$Fe_2O_3 + 6HCl \rightarrow 2Fe^{3+} + 6Cl^- + 3H_2O$

という酸化物の溶解反応が起こり、酸化皮膜が除去された後に次の反応が起きる。

③$Fe + 2HCl \rightarrow Fe^{2+} + 2[H] + 2Cl^-$

　ここで鉄（Fe）の酸化反応（アノード反応）と水素イオン（H^+）の還元反応（カソード反応）という酸化還元反応が起こり、原子状水素が生成され、その後水素ガス（H_2）となっていく。そのイメージを図3-33に示す。酸化鉄の層が塩酸によって溶解除去される速度は酸濃度が高い程速くなり水素発生を伴

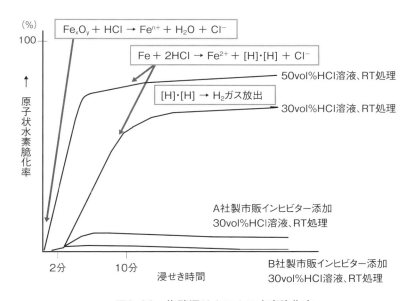

図3-33　塩酸浸せきによる水素脆化率

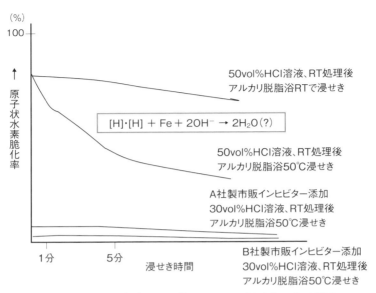

図3-34　塩酸浸せき後のアルカリ浸せきによる効果

う反応が起こりやすく、その結果水素吸蔵率が高くなる。そこで、鉄素地が露出したときに腐食抑制剤（インヒビター）が吸着して、酸による溶解腐食を抑制することにより原子状水素の発生と素地水素吸蔵を抑制して水素脆性を緩和させることができるのである。

さらに、図3-34に示すようにインヒビターの添加ほどの効果は期待できないが、酸処理後に50～60℃程度のアルカリ脱脂剤に浸せきすることによっても水素の離脱を促し、水素脆性緩和効果が期待できる。

4．水素脆性緩和のポイント
(10)．電解洗浄
①陰極電解洗浄

陰極電解脱脂と呼ばれている場合が多いが、精密洗浄を目指すためにはこの段階まできた工程では、脱脂はほぼ完成していて表面に付着している僅かな汚れやスマットを陰極表面から水素ガス発生に伴うバブリング効果によって物理

的に除去することを主体にした仕上げ洗浄を目的とする方が好ましい。

　Ca成分やC成分など表面付着汚れを除去しやすくするために第三リン酸ソーダを添加したり、グルコン酸ソーダを加えて洗浄作用に化学的効果を加味させて強化する手段が取られている。陰極電解洗浄剤の浴組成例は、表3-7に示す通りである。

②陽極電解洗浄またはPR電解洗浄

　陽極電解は、酸素ガスの発生による物理的洗浄作用と陽極電解エッチングという電気化学的作用を利用して表面洗浄するものである。さらにPR電解（periodic reverse electrolytic cleaning）を取り入れ、陰極電解効果と陽極電解効果を併用させる方法はより効果的である。

(11)．スマット除去

　スマットとは、被めっき物の材質によりその発生量は異なるが、含まれる炭素（C）やケイ素（Si）及びカルシウム（Ca）などが不溶解生成物として素材表面に残留した微粉末状の物をいう。これを除去する方法として、3通りが考えられる。

　(a) アルカリ剤やキレート剤を含む溶液の中で陰極電解することにより、水素ガス発生によるバブリング効果に伴って物理的に脱落させる。あるいは陽極電解における電解エッチング作用に伴って物理的に離脱させる。

表3-7　陰極及び陽極電解洗浄に使用される代表的浴組成

組成及び条件＼対象素材	鉄鋼素材	銅及び銅合金	亜鉛合金素材	ニッケル合金素材
水酸化ナトリウム	60〜70g／L	2〜3g／L	—	60〜70g／L
炭酸ナトリウム	10〜20g／L	10〜20g／L	10〜20g／L	10〜20g／L
メタ珪酸ナトリウム	—	—	—	—
第三リン酸ソーダ	5〜10g／L	15〜20g／L	10〜20g／L	5〜10g／L
グルコン酸ソーダ	2〜5g／L	2〜5g／L	0〜5g／L	2〜5g／L
ノニオン系界面活性剤	0.5〜1.0g／L	0.5〜1.0g／L	0.5〜1.0g／L	0.5〜1.0g／L
アニオン系界面活性剤	スルホン酸系 0〜0.5g／L	スルホン酸系 0〜0.5g／L	スルホン酸系 0〜0.5g／L	スルホン酸系 0〜0.5g／L
pH	12以上	11前後	11前後	12以上
電流密度	5〜10A／dm²	3〜5A／dm²	3〜5A／dm²	3〜5A／dm²
電解極性	陰極 陽極 PR	陰極 陽極	陰極 陽極	陰極
使用温度	50〜60℃	50〜60℃	50〜60℃	50〜60℃

従って、その併用であるPR電解による処理は効果的である。
(b) 酸洗いのように素材表面を溶解エッチングすると同時に表面に付着していたスマットまたは素材表面付近に含浸していたスマット成分を露出させて脱落させる。
(c) 酸洗いにふっ化物を添加し、素材表面をエッチングすると共にスマットを溶解させながら素材表面からスマットを化学的に溶解除去する。

いずれの方法を採用するかは、素材中の成分含有量によって選択しなければならない。例えば、低炭素鋼板であるSPC材の場合は、(a) あるいは (b) の方法を採用し、中・高炭素鋼板のような場合は、(c) の方法を選ぶことになる。

各種素材の理想的な前処理工程例

1. 鉄鋼素材

鋼は硬く、鉄は柔らかい、また、鋳鉄が脆いと感じるのは、炭素量に起因するからである。鋼はなぜ硬いかというと、0.03%～2%程度の炭素と鉄が反応してFe_3C（セメンタイト）を形成してFeマトリックス中に分散しているからである。

例えば、C：1%つまり1wt%の炭素は15wt%のFe_3Cとなり硬さを増大する。
そこで、C：0.8%を共析鋼（硬鋼）、
　　　　C：0.8%以下を亜共析鋼（半硬鋼から軟鋼）、
　　　　C：0.8%以上を過共析鋼（最硬鋼）と分類している。

このように炭素だけが含まれる鋼を炭素鋼（carbon steel）または普通鋼ということもあるが、低炭素鋼、中炭素鋼、高炭素鋼に分ける分類もある。
JIS規格では次のように分類されている。
① C：0.15%以下を特に浸炭用低炭素鋼と呼ぶ。
② C：0.6%未満を機械構造用炭素鋼（SC材）と呼ぶ。
③ C：0.6%以上を工具用炭素鋼（SK材）と呼ぶ。

また、炭素鋼にNi、Cr、Mo、V、W、などの元素を添加することにより特殊な性質を具備させることができる。これを特殊鋼という。現在では、これら特

殊鋼の種類と用途は広がり全盛期を迎えているといっても過言ではない。従って、めっき処理する場合も鋼材中の添加成分を把握しておかなければならない。
　JIS規格では特殊鋼を3つに大別している。
①合金鋼（SA材）…………構造用に使用されるもので調質される。用途が一番広く、約46鋼種が規定されている。
②工具鋼（SK材）…………各種工具に使用されるもので、炭素工具鋼（SK材）、合金③工具鋼（SKS材、SKD材など）及び高速度鋼（SKM材）がある。
③特殊用途鋼（SU材）……特殊用途に使われるもので、ステンレス鋼（SUS材）、耐熱（SUH材）、ボールベアリング鋼（SUJ材）及びばね鋼（SUP材）が含まれる。

　鋼に含まれるまたは特別に添加する炭素以外の基本的元素について整理しておく。含まれる基本的元素としてはケイ素（Si）、マンガン（Mn）、りん（P）、硫黄（S）、の4元素で炭素（C）と合わせて5元素があげられる。
　特殊性能をだすために添加される元素としては次のものがある。
　マンガン（Mn）：硬さを増加させ、焼きが入りやすい。調質用添加元素である。
　ニッケル（Ni）：耐食性、耐久性に効果をだす元素である。
　コバルト（Co）：耐熱性や磁性に効果をだす添加元素である。
　クロム（Cr）　：耐摩耗性、耐食性に効果をだす元素である。また焼きが入りやすく浸炭を促進する添加元素である。
　モリブデン（Mo）：焼きが入りやすく、耐食性に効果をだす添加元素である。
　タングステン（W）：耐熱性に効果をだす添加元素である。
　チタニウム（Ti）：焼入れや耐食性に効果をだす添加元素である。
　バナジウム（V）：耐摩耗性、強靭性に効果をだす添加元素である。
　ボロン（B）　　：焼入れに効果をだす添加元素である。
　これらの添加元素を最近の傾向では3種類以上添加した多元素合金鋼が主流になってきている。
（1）炭素鋼の場合；理想的な前処理工程を図3-35に示す。
（2）高炭素鋼の場合；理想的な前処理工程を図3-36に示す。

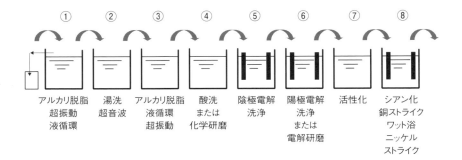

図3-35　低・中炭素鋼材用前処理工程の概略図

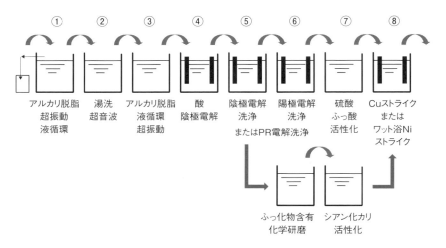

図3-36　高炭素鋼材用前処理工程の概略図

2．非鉄素材

（1）純銅素材の場合；

　純銅材には、無酸素銅（C-1020材）、リン脱酸銅（C-1201材、C-1220材）及びタフピッチ銅（C-1100材）がある。無酸素銅、リン脱酸銅は結晶粒界に水素ぜい化特有の気泡や結晶粒界分離がみられないのが普通であり、水素ぜい化しにくい所以である。それに対してタフピッチ銅については銅中に多少の酸素が残留しているため、例えば、水素を含む雰囲気で加熱（特に400℃以上）

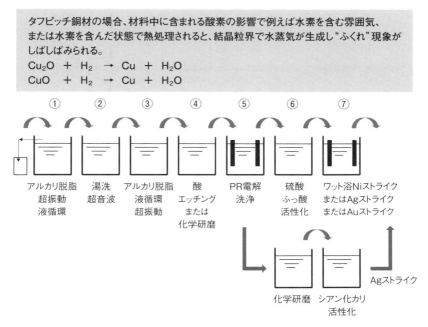

図3-37 タフピッチ銅材の前処理工程の概略図

されると銅中の残留酸素と水素ガスとが反応して水蒸気が生成され、結晶粒界に内部圧を与え気孔が発生し結晶粒界割れを促進したり、ぜい化を起こすことがある。めっき工程内で水素ガス発生を極力少なくした図3-37に示す前処理工程が好ましい。

（2）ベリ銅素材の場合；理想的な前処理工程を図3-38に示す。

（3）すず入り黄銅素材の場合；

　すず入り黄銅材の場合の前処理工程としては、熱処理時に生成されることが考えられる酸化すず（SnO_2）の素材表面層での存在は厄介である。その場合の除去は、ふっ化物を使用した酸処理が最適である。素材中のSn含有率はりん青銅材ほどではないが安全をみて、前処理工程を計画する必要がある。図3-39に示す前処理工程が考えられる。<u>効果的なのは陰極電解を主体にした還元洗浄であり、特に陰極での酸電解処理は効果的である。</u>

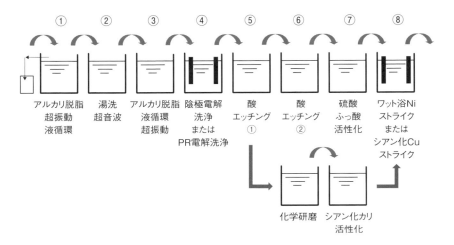

図3-38　Cu・Be合金材の前処理工程の概略図

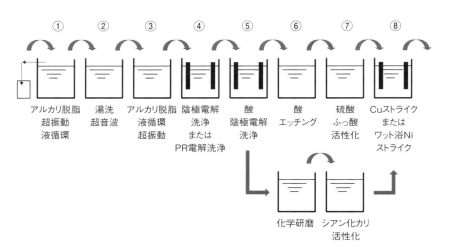

図3-39　すず入り黄銅材の前処理工程の概略図

（4）アルミニウム合金素材の場合：理想的な前処理工程を図3-40に示す。

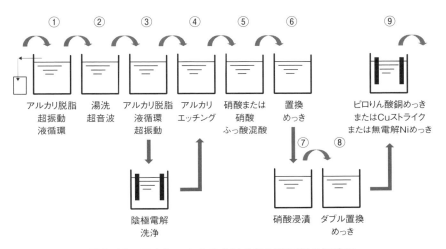

図3-40　アルミニウム合金材の前処理工程の概略図

第 **4** 章

めっきを必要とする
部品設計における
めっき設計仕様書の作成法

めっき品質確保のための部品設計図面への表面性状(粗さ)表示の必要性

　部品設計図面に基づき成形加工された部品素材の表面は、プレス加工の場合のように1次成形加工された板材の表面性状(表面粗さやうねり、成形加工によって生じる筋目など)を保持して成形加工されるか、あるいは切削加工された部品表面のように全面切削された新たな2次成形加工に伴う表面性状(表面粗さやうねり、成形加工によって生じる筋目など)ができる。このように1次成形加工素材表面に1次加工を施し、部品加工表面を用途に適した仕上げ面にしなければならない。特に前述してきたようにめっき加工品の品質を確保するためには、成形加工素材の成形加工方法に基づく表面粗さの状態によるめっき仕上がりの品質(めっき膜厚との関係を含め耐食性や機能特性など)への影響は大きい。従って表面性状に関する必要事項を適切に記載した設計仕様書、設計図面に加えて"めっき設計仕様書"が必ず必要になる。そこでJIS規格に基づいた表面性状の適切な記載とめっき設計仕様書の正しい書き方についてまとめてみる。

　「表面性状」(Surface Texture)という表現はISO国際規格(ISO 25178)との整合をとる意味からJIS規格が改正された(2016年現在JIS B 0601-2001が適合)経緯がある。従来のJIS規格では「面の肌」として規定されていた。

　表面性状とは、表面粗さ(Surface roughness)、うねり(Surface Wave)および筋目(Surface Crease)の総称であり、通常、表面性状=表面粗さと考えて部品設計図において有効面になる部分に表示しておく必要がある。例えば、シール面を有する部品においてその部分の表面粗さが大きな凹凸になっていれば液体の漏れという品質トラブルになる。従って、部品の加工表面に表面粗さ(凹凸の大きさ)の基準を設けること(部品設計図面に基準表示)で部品(その部品を使った製品)の品質を確保することができる。

　めっき加工を必要とする部品の場合も同様で、特に表面粗さの程度と状態が、めっき表面の欠陥(素地まで達するピンホールによる早期腐食および表面荒れや光沢むら発生など)に大きな影響を与え、耐食性を必要とする外装部品の腐食による品質トラブルになったり、機能部品における機能特性の経時劣化

第4章　めっきを必要とする部品設計におけるめっき設計仕様書の作成法

を早める品質トラブル発生につながる。従って、めっき加工を必要とする部品の素材2次成形加工表面に表面粗さ（凹凸の大きさ）の基準を設けること（部品設計図面に基準表示）でめっき加工部品（その部品を使った製品）の品質を確保することができる。表面粗さの状態は図4-1に示すように、切削加工による2次成形加工あるいは2次成形加工後の表面調整で行なわれるブラスト処理などによって多彩な表面粗さの状態を示す。

　例えば、図4-1に示すような切削加工面の表面粗さの状態において、めっき加工した場合めっき欠陥（めっき表面から素地まで達するピンホール）は表面粗さの凸部ではなく凹部の中でも深い谷間の部分に生じやすい。従って、通常表面粗さは算術平均粗さ表示（Ra）で設計図面表示される場合が多いが、めっき加工を必要とする部品設計図面の場合は最大高さ粗さ（最も低い谷から最も高い山までの高さ）（Rz）表示が必要である。

　そして、前述したようにめっき表面から素地まで達するピンホールを皆無にするためには、各種電解めっき法、各種無電解めっき法を用いて単層めっき、

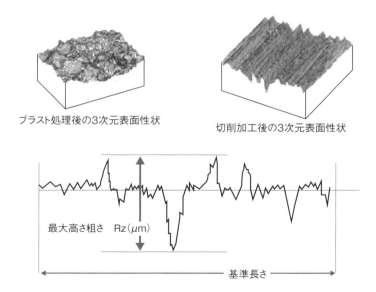

ブラスト処理後の3次元表面性状　　　切削加工後の3次元表面性状

最大高さ粗さ　Rz(μm)

基準長さ

図4-1　触針式粗さ計で計測したときの基準長さ内の断面曲線図例

多層めっきなど、総じて素材表面粗さ（Rz）の5倍以上のトータルめっき膜厚が必要になることが外装部品の耐食性評価という実用面から体験するところである。

　旧JIS規格で表面粗さ表示に三角記号が用いられていたが、2016年現在の表面性状を表す記号の図示方法はJIS B 0031-2003で規定されている。

　表面粗さ（凹凸の大きさ）の基準を設計図面に指示するために「表面粗さ記号」が用いられる。旧JIS規格においては表4-1に示す三角記号（▽）が表面粗さ記号として指定されていた。しかし、表4-1に示すように、三角記号▽は"粗仕上げ"と呼ばれ、最大高さ粗さ（Rz）で50～100μm程度、三角記号▽▽は"並仕上げ"と呼ばれ、最大高さ粗さ（Rz）で12.5～25μm程度、三角記号▽▽▽は"微鏡面仕上げ"と呼ばれ、最大高さ粗さ（Rz）で1.6～6.3μm程度、三角記号▽▽▽▽は"鏡面仕上げ"と呼ばれ、最大高さ粗さ（Rz）で0.05～0.8μm程度とされていたが、表面粗さの範囲に曖昧さがあったために現在では設計図面指示の方法が改定されたのである。これからの設計図面にはJIS B 0031-2003規格に従った表面性状の表示方法で設計図面指示をすることが必要になる。

　なお、表面粗さ測定方法については、JIS B 0601-2001（ISO 13565-1）で規

表4-1　表面あらさの種類と区分値及び三角記号の区分

三角記号	最大あらさ R_{max}またはR_z		JIS B 0031による $R_{Z(μm)}$仕上げ記号	算術平均あらさ $R_a(μm)$
▽▽▽▽ 鏡面仕上げ	0.05s 0.1s 0.2s 0.8s	0.05R_z 0.1R_z 0.2R_z 0.8R_z	$\sqrt{}$ Rz 0.2	0.01 0.025 0.05 0.2
▽▽▽ 微鏡面仕上げ	1.6s 3.2s 6.3s	1.6R_z 3.2R_z 6.3R_z	$\sqrt{}$ Rz 3.0	0.4 0.8 1.6
▽▽ 並仕上げ			$\sqrt{}$ Rz 15	3.2 6.3
▽ 粗仕上げ	50～100R_z			12.5～25

定されている方法とISO 25178で規定されている方法とに違いがある。その点について簡単にまとめてみると表4-2のようになる。部品設計図面への記載および表面粗さ測定方法については、JIS規格に従うのが一般的である。三次元表面性状国際規格ISO 25178については文献を示すので参照してほしい（文献：長野県工業技術総合センター　精密・電子技術部門）。部品設計図面への表面性状の図示方法について、JIS B 0031-2003における正しい指示の仕方を次にまとめる。

通常、設計図面に表面粗さを指定する場合には、算術平均粗さ$Ra(\mu m)$が利用される。しかし、めっき加工を必要とする成形加工素材の場合には前述したように素材表面粗さの最大山高さと最大谷深さから形成される最大粗さRz(μm)とめっき膜厚との関係からめっき欠陥（特に素地まで達するピンホール）の程度が大きく左右され、特に最大谷深さに基因したピンホールによる耐食性の低下や変色、機能低下などのめっき品質トラブルを引き起こす要因になるため、設計図面への表示による指定は、最大粗さ$Rz(\mu m)$で行なうことを推奨する。もしRaで表示指定されている場合には、前出の表4-1に示すRaとRzの比較表を参考にすると一つの目安になる。

参考までにJIS B 0031-2003規格に指定されている正しい設計図面での表示方法に従って、めっき加工を含む表示例を設計図面での表示方法に従って、めっき加工を含む表示例を図4-2および図4-3に示す。図4-2に示す表示方法は、表面粗さに要求がない場合の図面表示と表面粗さの要求がある場合の図面

表4-2　表面粗さ測定法におけるJIS規格とISO規格での違い

	JIS B 0031-2003 (ISO 13565-1)	ISO 25178
粗さ測定 使用機器	接触式 触針式粗さ計 （断面曲線）	接触式・非接触式 形状測定器 （三次元表面性状含む）
粗さ パラメータ	最大高さ粗さ　　R_z 算術平均粗さ　　R_a 最大谷深さ　　　R_v 最大山高さ　　　R_p	最大高さ粗さ　　S_z 算術平均粗さ　　S_a 最大谷深さ　　　S_v 最大山高さ　　　S_p

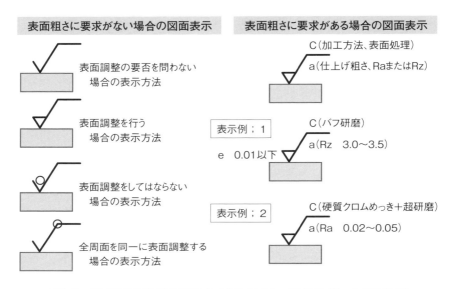

図4-2　設計図に図示する場合のJIS B 0031‐2003に従った表示方法

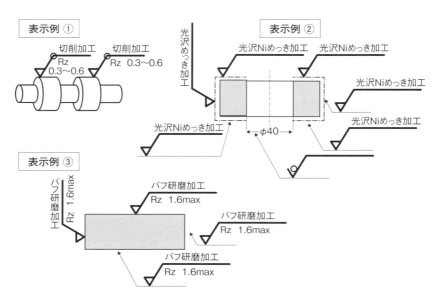

図4-3　JIS B 0031‐2003に指定されている表示方法のめっき加工を含む表示例

第4章　めっきを必要とする部品設計におけるめっき設計仕様書の作成法

表示の違いを示したものである。

　図4-3に示す表示例①の場合は、有効面2か所の全円周を切削加工で最大粗さ（Rz）で0.3～0.6μm仕上げる成形加工素材を示すものである。

　図4-3に示す表示例②の場合は、直径40φの内径にはめっき加工を施さないようにマスキングしてその他全面には光沢ニッケルめっき（めっき膜厚は別に指定）を施すというものである。

　図4-3に示す表示例③の場合は、4面とも有効面とし、バフ研磨加工により最大粗さ（Rz）で最大1.6μm以内で仕上げるという指示を示すものである。

めっき品質確保のための部品設計図面への表面調整表示の必要性

　めっき加工を必要とする部品設計図面において素材表面の粗さ表示は、めっき膜厚との関係に左右されるが外観光沢の状態や耐食性あるいは機能特性確保にとって極めて重要であることは述べた通りである。この表面粗さは1次成形加工素材のロットばらつきあるいは2次成形加工素材のロットばらつきにより変動するものである。それがめっき品質ばらつきに影響する場合にはめっき加工前に素材表面の粗さを平準化させるための物理的あるいは化学的な表面調整が必要になる。従って、部品設計図面に材質の表示と共に成形加工方法並びに物理的あるいは化学的な表面調整の要否を表示する必要がある。成形加工後の

表4-3　ブラスト処理方法の種類と適用

分類	ブラスト処理方法種類	適　　用	表示記号
乾式	遠心式ブラスト	比較的単純な形状の面からなる被処理物に適用。	DC
	エアーブラスト	あらゆる形状の被処理物に適用。	DA
	バキュームブラスト	被処理物を部分的に処理する場合に適用。	DV
湿式	モイスチュアブラスト	あらゆる形状の被処理物に対する様々な場所での適用が可能。	MA
	湿式エアーブラスト	あらゆる形状の被処理物に対して水が存在してはいけない場所以外での適用が可能。	WF
	スラリーブラスト	表面粗さの小さい、きめ細かい表面を作る場合に適用。	WS
	ウォータージェットブラスト	あらゆる形状の被処理物に対して水が存在してはいけない場所以外での適用が可能。	WJ

素材表面調整方法としては、バフ研磨法、ラッピング法、バレル研磨法、液体ホーニング法、ブラスト法（噴射法）など物理的な表面調整方法と浸せき化学研磨法、電解研磨法など化学的および電気化学的湿式表面調整方法とがある。

現在、JIS規格（ISO国際規格対応）で規定されているのは、防錆・防食を目的として鉄鋼材の表面調整用ブラスト処理方法のみである。

この処理方法通則は、JIS Z 0310-2004規格でISO 8504-1：2000およびISO 8504-2：2000と対応するものである。なお、ブラスト処理用金属研削材についてはJIS Z 0311-2004に、またブラスト用非金属研削材についてはJIS Z 0312-2004に規定されている。

JIS Z 0310-2004に定められているブラスト処理方法の種類と適用については表4-3に示す通りである。

ブラスト処理方法の適用に際しては、2次成形加工素材である被処理物の状態および設計品質として設計図面に表示した要求される仕上げの程度に応じて、受渡当事者間で協議しそれぞれの方法の特徴を考慮して適切に選定を行う。

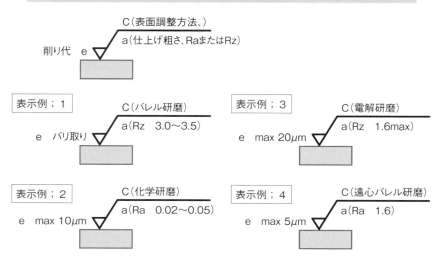

図4-4　設計図に図示する場合のJIS B 0031 - 2003に従った表示方法

この鉄鋼素材を対象としたブラスト処理方法以外の各種素材に対するバフ研磨、バレル研磨、化学研磨、電解研磨など各種表面調整処理については設計図面に表示すると共に表面調整処理を行う前に受渡当事者間で試作などを繰り返しながら適切な表面調整処理方法および条件の選定を行う必要がある。

２次成形加工素材の表面調整処理による表面粗さ調整またはバリ取り調整が必要な場合の設計図面への表示方法と表示例を図4-4に示す。

めっき品質確保のためのその他の設計留意点

めっき加工を必要とする部品設計図面を描くに当たって、設計者としては"設計品質"がめっき加工後の"機能品質"（ねらい品質ともいう）とよく適合し安定した品質（Q）を保ちかつめっき加工賃（C）が低減できるように、めっき加工技術の基礎知識を理解し、めっき加工の特質に合った設計を行う必要がある。

そのためには設計に際して次の点に留意することが大切である。

① ２次加工素材の材質（素材は部品の用途に適合しているか、めっき加工が困難な材質を選定していないか）を吟味し、図面に表示する。

② めっき加工に適合した形状（液溜まりになりやすい、ガス溜まりになりやすい、などめっき加工しにくい形状デザインになっていないか）を精査し、また、電解めっき法であればひっかけ治具に掛ける箇所を図面に指定しているかを確認し、有効面、非有効面を明確にし、図面に表示する。

③ 電解めっき法でめっき加工する場合のめっき膜厚ばらつきを考慮して成形加工素材寸法とめっき膜厚指定による寸法増加分を加味して設計しているかを確認し、有効面におけるめっき膜厚測定箇所を図面に表示する。

④ めっき金属種、それを得るためのめっき浴種、さらに求める機能特性に適合した単層または多層めっき組み合わせの選定、並びにめっき膜厚が選定されているかを試作評価などで確認する。

⑤ 試作品にめっき加工し、要求する機能特性に適合した仕上がり品質になっているかを評価確認をし、無駄な箇所に研磨加工など表面調整処理を図面

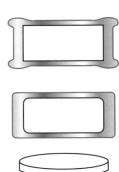
部品角部に曲率Rを付けることで電解めっきにおける角部膜厚過多を防ぐ工夫の事例である。

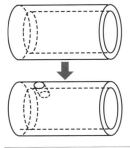
筒状部品の内面の液抜き、めっき未析出ガス溜りなどの不具合を改善するために横穴を設けることを工夫した事例。

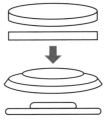
薄板の打ち抜き部品の場合、部品同士が重なりやすく不良が多発しやすい。そこで片側面に段差を設けることで重なりを防ぐ工夫の事例。

ここに示す一部の事例以外に例えば、
①研磨しにくい凹部に曲率Rを付ける。
②深いカシメや深い細溝を避ける
③空気溜りや液溜り、水溜りのない形状
④狭いすき間のない形状
⑤その他、めっき膜厚ばらつきの起こりにくい形状
など、あらゆる面からめっき加工しやすい形状デザインを設計段階で考案することは望ましい。

図4-5 めっきを必要とする部品設計における設計上の最適化事例

要求していないか、必要以上にめっき膜厚を要求していないかを見直し、適切でわかりやすいめっき設計仕様書を作成する。

部品設計上の留意事項として最も効果的なことは、部品形状をめっき加工に適したデザインにする工夫という面からの検討である。それは品質の向上と品質安定化（Q）、めっき加工時の低コスト化（C）、およびめっき加工の効率化と短納期対応（D）の実現に効果的である。主な部品設計上の改善事例を図4-5に示す。

④ JIS 規格によるめっき仕様表示の活用事例

JIS規格では、JIS・H・0404に図4-6に示すように、最終めっき仕上げが電解か無電解めっきかの区別（EPまたはELP）から始まるめっき組み合せの表示記号並びに後処理記号、使用環境を示す記号からなるめっき仕様表示方法が定められている。

第4章　めっきを必要とする部品設計におけるめっき設計仕様書の作成法

めっき層が1層の場合は めっきの種類記号 めっき膜厚記号 めっきのタイプ記号 をセットにして書き並べ、多層に組み合わせる場合はこのセットをめっき層ごとに書き並べる方式になっている。このように1層のめっき層を めっきの種類記号 めっき膜厚記号 めっきのタイプ記号 で表すということは重要なことで、前述したようにめっき皮膜が同じ金属であってもめっき皮膜の機能特性はめっき浴種のタイプによって異なることが多く観られることから"機能品質"（ねらい品質）を特定するためには、めっき設計仕様書に定めておくことは複数のめっき加工業者あるいはめっき加工部門を活用する場合のめっき加工品質の安定化にとって有意義である。しかし、このような趣旨を理解してめっき設計仕様書に書かれているケースは極めて少ないのが現状である。それはJIS規格に示されている表示例が図4-6に示すように めっきの種類記号 めっき膜厚記号 のみの場合、あるいは光沢めっきを示す bというめっきタイプ記号 が含まれる程度でめっき浴種は含まれていない。

なぜ、 めっきの種類記号 めっき膜厚記号 めっきのタイプ記号 をセットにしていない表示を例に示しているのかは、試作によりめっき仕様を定める段階、あるいは受渡当事者間での協定によりめっき設計仕様書に明記することを

製品設計、部品設計におけるめっき設計仕様書の正しい書き方

発注者及び受注者の共通認識として、
JIS規格JIS・H・0404によるめっき表示記号の活用

表示例：

① Ep－Fe／Cu5, Ni5b／：B
　鉄系素材上に電解銅めっき5μm以上＋光沢ニッケルめっき5μm以上、通常屋外環境使用。

② ELp－Cu／Ni5／：D
　銅系素材上に無電解ニッケルめっき5μm以上、通常の屋内環境使用。

③ Ep－Cu／Elp - Ni5, E - Au0.1／：D
　銅系素材上に無電解ニッケルめっき5μm以上＋工業用金めっき0.1μm以上、通常屋内環境使用。

図4-6　JIS規格に定められためっき表示記号と表示例

前提に部品設計図面上に表示する簡易記号としての役割を持たせることを主眼にしているものと考える。

現在のJIS規格では、素地の種類を示す記号として、鉄系素材Fe、銅、銅合金素材Cu、亜鉛合金素材Zn、アルミ合金素材Al、マグネ合金素材Mg、プラスチック素材PL、セラミックス素材CE、の7種類しか定められていない。

また、めっきの種類を示す記号については、ニッケルNi、クロムCr、銅Cu、亜鉛Zn、金Au、銀Ag、すずSn、工業用クロムICrなど原子記号が用いられている。また、めっき膜厚を示す記号については、有効面における最低膜厚をμm単位の数字で示す。

さらに、めっきのタイプを表す記号については、無光沢めっきm、光沢めっきb、半光沢めっきs、ビロード状めっきv、非平滑めっきn、複合めっきcp、黒色めっきbk、二層めっきd、三層めっきt、普通クロムめっきr、マイクロポーラスめっきmp、マイクロクラックめっきmc、クラックフリーめっきcf、などが定められている。また、後処理を表す記号については、水素除去ベーキングHB、拡散熱処理DH、光沢クロメート処理CM1、有色クロメート処理CM2、塗装PA、着色CL、変色防止処理AT、などが示されている。

また、使用環境を表す記号については、
　　A：腐食性の強い屋外環境（海浜、工業地帯など）、
　　B：通常の屋外環境（田園、住宅地域など）、
　　C：湿気の多い屋内環境（住宅、厨房など）、
　　D：通常の屋内環境（住宅、事務所など）
の4つの使用環境レベルに分けられている。これは専ら耐食性の面から使用環境における腐食性の強弱を4段階に分類したもので、機能特性に関する項目は含まれていないので、受渡当事者間での協定において、実用上のめっき設計仕様書には求める機能特性を明確に表示することは重要なことになる。

JIS規格によるめっき仕様表示の正しい活用

参考までに、JIS規格に基づいためっき仕様の表示例を図4-6中にいくつか

示しておいたが、昨今の物作りにおけるめっき加工品の品質要求は多様化しており、ここに示した表示記号のみでは対応できないのが現状である。そこで、JIS規格では図4-7に示すような5つの特記事項を必要に応じて付記することを推奨している。

図4-7に参考例を示す。

①素材（素地）の種類に関する特記事項を示す場合には、$*_1$を付して提示すること。
②めっきの種類に関する特記事項を示す場合には、$*_2$を付して提示すること。
③めっきのタイプに関する特記事項を示す場合には、$*_3$を付して提示すること。
④後処理の種類に関する特記事項を示す場合には、$*_4$を付して提示すること。
⑤使用環境、機能特性に関する特記事項を示す場合には、$*_5$を付して提示する。

めっき加工を必要とする設計図面にこれだけの特記事項を記載することが難しい場合は、次に示すような書式例の"めっき設計仕様書"を別途作成し、めっき加工時に適切な品質要求を明確にするように配慮することは極めて重要

製品設計、部品設計におけるめっき設計仕様書の正しい書き方

発注者及び受注者の共通認識として、
JIS規格JIS・H・0404によるめっき表示記号の活用

適切な要求品質を共有化するために特記事項$*_1$〜$*_5$が必要

表示例；

Ep - Cu／ELp－Ni5, Au1／：D

⬇

Ep-Cu$*_1$／ELp - Ni$*_2$5$*_3$, Au$*_2$1$*_3$／$*_4$：D$*_5$

図4-7　JIS規格に定められた＊を付記しためっき表示記号と表示例

である。図4-7に示すめっき表示記号の$*_1$〜$*_5$の特記事項を示すと図4-8に示す内容になる。

このように特記事項でめっきの種類、めっき浴種のタイプおよび膜厚が下限規格のみの指示でそれ以上の膜厚を求めるのか、あるいは上限下限の規格を定めて膜厚範囲を指示するのかによってめっき品質として求める機能特性に大きく影響してくる。

最近特にJIS規格で定められているめっき種よりもJIS規格に定められていないめっき種による"もの作り"が多くなってきていること、および海外への生産拡大、海外での部品調達などグローバル経済の中でサプライチェーンが複雑になってきている。そのような状況の中でめっきを必要とする部品設計とその部品調達における品質確保のためには、めっき仕様を明確にしておく必要が高まっている。

そうなると設計者としては、めっきを必要とする部品設計においてできるだけJIS規格（ISO国際規格対応）に定められているめっき表示記号の正しい活

製品設計、部品設計におけるめっき仕様書の正しい書き方

発注者及び受注者の共通認識として、
JIS規格JIS・H・0404によるめっき表示記号の活用

Ep-Cu$*_1$／ELp-Ni$*_2$5$*_3$, Au$*_2$1$*_3$／$*_4$:D$*_5$

- $*_1$；黄銅材C-2680・1/2H　プレス加工、表面粗さ＝
- $*_2$；Ni-P合金めっき
- $*_2$；弱酸性金合金めっき
- $*_3$；無電解Ni-P　（7〜8％）の中りんタイプ
- $*_3$；Au99.7〜99.9％-Co合金組成の硬質金タイプ160〜210Hv
- $*_4$；封孔処理などの後処理なし。　純水乾燥で有害なシミ、汚れなきこと
- $*_5$；接点としての機能特性、使用環境屋内、外観は光沢あり、シミ、ムラなきこと

図4-8　JIS規格に定められた＊を付記しためっき表示記号と表示例

第4章　めっきを必要とする部品設計におけるめっき設計仕様書の作成法

用を理解し、設計図面への表示並びに試作を通して求める機能特性が安定して得られるようにするためのめっき設計仕様書の作成も合わせて行なうことが必要になってきている。

そのために活用してほしい"めっき設計仕様書"の書式例を177ページのめっき設計仕様書1に示す。

この書式を用いて、図4-8に示した＊印を付けた表示記号について"めっき設計仕様書"を作成してみると178ページのめっき設計仕様書2のようになる。

この書式例を用いていくつかの部品設計図面で指示したJIS規格に従うめっき表示記号の記載例について"めっき設計仕様書"に定めた事例を示す。

例えば、光学機器部品でベリ銅材上のニッケル（Ni5μm）＋ロジウム（Rh1.0μm）めっき仕様の設計図面の場合の"めっき設計仕様書"は179ページのめっき設計仕様書3のように記載するとよい。

また、例えば医療用電極部品でチタン素材上に白金（Pt2.0μm）めっき仕様の設計図面の場合の"めっき設計仕様書"は180ページのめっき設計仕様書4のように記載するとよい。

また、例えば金属ボタンの部品で黄銅材上にニッケルアレルギー対応および検針器対応のすず合金めっきと黒色すず合金めっき仕様の設計図面の場合の"めっき設計仕様書"は181ページのめっき設計仕様書5のように記載するとよい。

以上、JIS H 0404-2015規格によるめっき仕様の表示方法について説明したが、従来使われている例えば「MF-Ag5」とか「MFNi10b，Cr0.1」という表現で設計図面表示されているとか、または一般的な表現として、めっきの種類 めっきの膜厚／めっきの前後処理 を用いて、「Ni10b，Cr0.1r／1BF」（これはめっき前にバフ研磨をしてから光沢ニッケル10μm以上＋クロムめっき0.1μm以上めっきをする仕様）とか「Zn8b／CM2」（これは光沢亜鉛めっき8μm以上めっき後有色クロメート処理をする仕様）というめっき加工の指示がなされている。

前述したような認定制度が適用されている時代であれば別に個別の"めっき設計仕様書"が部外秘という扱いであったので、それでよかったが認定制度な

しの最近のグローバル経済でのサプライチェーンの中では指示間違いやめっき浴種の違いによるめっき品質の大きなばらつきに繋がってしまうケースが多く見受けられる。

❻ 国際競争下でのもの作りにおけるめっき設計仕様書の重要性

　近年、国際競争下でのもの作りの中で、めっき加工品の設計品質と製造品質および機能品質すべての品質を満足するような発注、受注が適切に行なわれていないと思われる。その原因は、昭和30年代、40年代のようなめっきを内製化していたセットメーカーが設計部隊とめっき部隊が一緒になって規格化し、外部委託には認定制度を取っていた時期に比べ、めっきを熟知した設計品質、製造品質及び機能品質になっていないことがあげられる。ここでは、めっき加工品のサプライチェーンと発注者、受注者の位置付け及び発注者側と受注者側のめっき品質認識あるいはめっき仕様の理解度など、めっき設計仕様書の重要性について、図式化して考えてみる。

　要求品質が高まれば高まるほど品質特性を把握した発注・受注のシステムがサプライチェーンの中にできていなければならない。そこで、現在サプライチェーンを通して図4-9に示すような4つの受発注ルートが存在すると考えられる。

　1つ目のルートであるケース①は、図4-10に示すように、セットメーカーが部品メーカーにめっき加工を必要とする部品の発注と設計製作を依頼する。部品メーカーは部品設計に基づく2次成形加工依頼をめっき込みで成形加工メーカーに発注する。成形加工メーカーはめっき専業者に部品設計図に従っためっき加工依頼をする。めっきが仕上がった部品は成形加工メーカーが受け取って部品メーカーに収めるというルートであり、比較的多く使われているケースである。

　しかし、図4-10に示すようにめっき加工の発注者が部品メーカーと成形加工メーカーの両方になるので、めっき仕様の適切な伝達は部品設計図およびめっき設計仕様書が不備であればどうしても疎かになり品質評価、コスト設定

第4章 めっきを必要とする部品設計におけるめっき設計仕様書の作成法

めっきの品質特性を把握した発注の仕方
1. サプライチェーンにおけるめっき加工発注者側の位置付け
2. めっき加工発注者側とめっき加工受注者側のめっき品質認識
3. めっき加工発注者側における加工品用途とめっき仕様の理解度
4. めっき加工受注者側における加工品用途とめっき品質の理解度

1. サプライチェーンにおけるめっき加工発注者側の位置付け

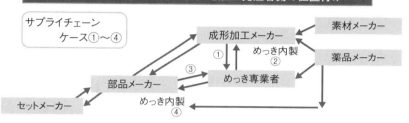

図4-9 サプライチェーンにおけるめっき加工部品の受発注ルート

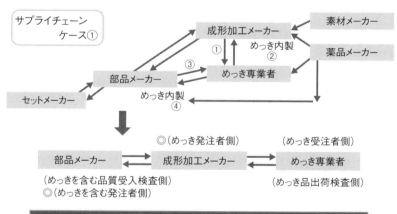

図4-10 サプライチェーンにおけるめっき加工部品の受発注ルート ケース①

に問題が生じる。

次のケース②の場合は、図4-11に示すように成形加工メーカーが部品メーカーからめっきを必要とする部品の2次加工依頼を受けるに当たって、めっき加工を内製化した場合のケースである。この場合は発注者に当る部品メーカー

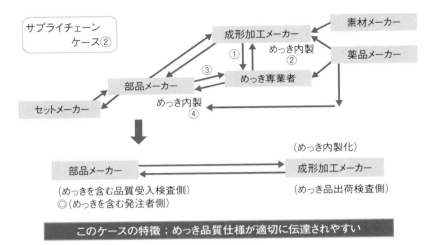

図4-11 サプライチェーンにおけるめっき加工部品の受発注ルート ケース②

と受注者に当る成形加工メーカーとの間で部品設計図やめっき設計仕様書の取り交わしあるいは口頭での伝達でも品質評価やコスト設定が比較的スムーズにできる。しかし、めっき専業者ではないためにめっき加工技術に対する基礎知識が乏しいのでめっき加工品質のばらつきやトラブル対策に弱点がある。

次のケース③の場合は、図4-12に示すように部品メーカーからめっきを必要とする部品の2次加工依頼を成形加工メーカーに発注し、できた成形加工品を素材の状態で受け取り、素材加工品質を検査して合格品をめっき専業者に部品メーカーが自ら発注し、めっき仕上がり品を受入検査して部品完成品を調達するケースで部品設計図やめっき設計仕様書の取り交わしあるいは口頭での伝達でも品質評価やコスト設定が比較的スムーズにできる。

次のケース④の場合は、図4-13に示すように部品メーカーからめっきを必要とする部品の2次加工依頼を成形加工メーカーに発注しできた成形加工品を素材の状態で受け取り素材加工品質を検査して合格品を部品メーカー社内でめっき加工をするケースである。

この場合は、部品メーカーが自らめっき加工をし、めっき仕上がり品を品質検査して部品完成品を造り上げるため部品設計図やめっき設計仕様書の取り交

第4章　めっきを必要とする部品設計におけるめっき設計仕様書の作成法

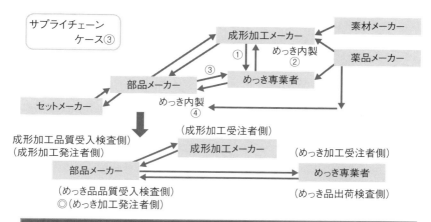

図4-12　サプライチェーンにおけるめっき加工部品の受発注ルート　ケース③

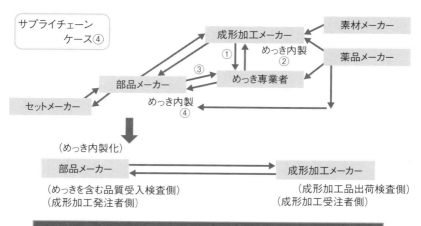

図4-13　サプライチェーンにおけるめっき加工部品の受発注ルート　ケース④

わしあるいは口頭での伝達はいらないので、めっき設計仕様書は完全に部外秘扱いになる。しかし、このケースの場合は部品メーカー社内でのめっき加工技術に対する研鑽が極めて重要になる。

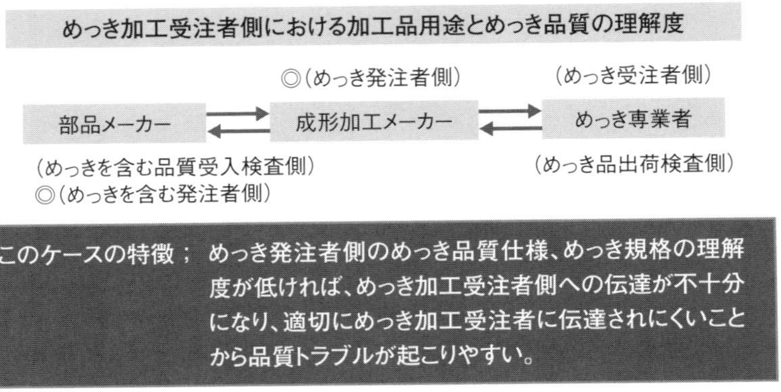

```
           めっき加工受注者側における加工品用途とめっき品質の理解度
                    ◎(めっき発注者側)        (めっき受注者側)
         部品メーカー  ⇄  成形加工メーカー  ⇄  めっき専業者
    (めっきを含む品質受入検査側)              (めっき品出荷検査側)
    ◎(めっきを含む発注者側)
```

> このケースの特徴； めっき発注者側のめっき品質仕様、めっき規格の理解
> 度が低ければ、めっき加工受注者側への伝達が不十分
> になり、適切にめっき加工受注者に伝達されにくいこと
> から品質トラブルが起こりやすい。

図4-14　サプライチェーンにおけるめっき加工部品に対する受注者側の理解度

　一般的なケース①のサプライチェーンの場合、めっきを必要とする部品設計における「部品設計図面」および「めっき設計仕様書」の整備は、高い機能特性を求める製品になればなるほど必要不可欠なものとなる。

　特にめっき加工受注者側における加工品用途とめっき品質の理解度が重要で、図4-14に示すように、めっき仕様の適切な伝達次第で品質トラブルが回避されると言っても過言ではない。

第4章 めっきを必要とする部品設計におけるめっき設計仕様書の作成法

〈めっき設計仕様書1〉

<div align="center">**めっき設計仕様書**</div>	日付： 年 月 日 承認： 印 作成： 印

名称(NAME)；

品番（ITEM NO.）；

図番(DRG.NO.)；

コード番号(CODE NO.；

最終めっき仕上げ；（外観・色調）　　　　　　（限度見本； 有 ： 無 ）

JIS 規格表示記号；

＊印特記事項
　　　＊₁　素材及び成形加工；

　　　めっき層（第1層）：めっき膜厚；下限　　μm 以上、上限下限　　～　　μm
　　　　＊₂　めっきの種類；
　　　　＊₃　めっきのタイプ；

　　　めっき層（第2層）：めっき膜厚；下限　　μm 以上、上限下限　　～　　μm
　　　　＊₂　めっきの種類；
　　　　＊₃　めっきのタイプ；

　　　めっき層（第3層）：めっき膜厚；下限　　μm 以上、上限下限　　～　　μm
　　　　＊₂　めっきの種類；
　　　　＊₃　めっきのタイプ；

　　　めっき層（第4層）：めっき膜厚；下限　　μm 以上、上限下限　　～　　μm
　　　　＊₂　めっきの種類；
　　　　＊₃　めっきのタイプ；
　　　　＊₄　後処理の種類；

　　　　＊₅　機能特性及び使用環境；

その他、注意事項；

〈めっき設計仕様書２〉

めっき設計仕様書

日付：Ｈｘｘ年　ｘ月　ｘ日
承認：　図面　太郎　印
作成：　設計　次郎　印

名称(NAME)；　ボディー

品番（ITEM NO.）；　A○○○−1

図番(DRG.NO.)；　ABC−△△△△-A

コード番号(CODE NO.)；　ｚｚｚｚ−ｙｙｙｙ

最終めっき仕上げ；（外観・色調）　　　　（限度見本；　有　：　無　）
　めっき有効面は光沢外観で、色ムラ、ザラ、焦げ、ピット、割れ、膨れ、汚れ、きず等なきこと

JIS 規格表示記号；　Ep−Cu$*_1$／Elp-Ni$*_2$5.0$*_3$, Au$*_2$1.0$*_3$／$*_4$：D$*_5$

＊印特記事項

　$*_1$　素材及び成形加工；黄銅材 C‐2680・1/2　プレス加工、表面粗さ R_a0.4

　めっき層（第１層）：めっき膜厚；下限 5.0μm 以上、上限下限　　〜　　μm

　　$*_2$　めっきの種類；　　Ni・P 合金めっき

　　$*_3$　めっきのタイプ；　無電解 Ni・P（7〜8%）の中りんタイプ

　めっき層（第２層）：めっき膜厚；下限 1.0μm 以上、上限下限　　〜　　μm

　　$*_2$　めっきの種類；　　弱酸性 Au 合金めっき

　　$*_3$　めっきのタイプ；　Au99.7〜99.9%‐Co 合金組成、硬度 160〜210Hv

　めっき層（第３層）：めっき膜厚；下限　　μm 以上、上限下限　　〜　　μm

　　$*_2$　めっきの種類；

　　$*_3$　めっきのタイプ；

　めっき層（第４層）：めっき膜厚；下限　　μm 以上、上限下限　　〜　　μm

　　$*_2$　めっきの種類；

　　$*_3$　めっきのタイプ；

　　$*_4$　後処理の種類；　封孔処理などの後処理なし。純水洗浄・乾燥

　　$*_5$　機能特性及び使用環境；
　　　　接点としての機能特性が必要で、受渡当事者間の協定に定める。
　　　　使用環境は通常の屋内環境で、耐食性評価は受渡当事者間の協定に定める。有孔度試験は JIS H 8620 付属書１に従う。
　　　　密着性試験については、受渡当事者間の協定に定める。

その他、注意事項；　当該めっき仕様は、仕様見直しがない限り有効とする。

第4章 めっきを必要とする部品設計におけるめっき設計仕様書の作成法

〈めっき設計仕様書3〉

めっき設計仕様書	日付：Hxx年　x月　x日
	承認：　図面　太郎　印
	作成：　設計　次郎　印

名称(NAME)；　光学機器部品

品番（ITEM NO.）；　B○○○－5

図番(DRG.NO.)；　XY－△△1-A

コード番号(CODE NO.；　wwww－xxyy

最終めっき仕上げ；（外観・色調）　　　（限度見本；(有)：無　）
　　めっき有効面は半光沢外観で、色ムラ、ザラ、焦げ、ピット、割れ、膨れ、汚れ、きず等なきこと

JIS規格表示記号；　Ep－Cu$*_1$／Ni$*_2$5.0$*_3$, Rh$*_2$0.8$*_3$／$*_4$：D$*_5$

＊印特記事項

　　$*_1$　素材及び成形加工；ベリ銅材C-1720B　切削加工、表面粗さR$_a$0.2

　　めっき層（第1層）：めっき膜厚；下限5.0μm以上、上限下限　　～　　μm

　　$*_2$　めっきの種類；　　半光沢Niめっき

　　$*_3$　めっきのタイプ；　スルファミン酸Niめっきタイプ

　　めっき層（第2層）：めっき膜厚；下限　　μm、上限下限　0.8　～1.2　μm

　　$*_2$　めっきの種類；　　厚付け用Rhめっき

　　$*_3$　めっきのタイプ；　スルファミ酸浴の純Rhで硬度900～1000Hv

　　めっき層（第3層）：めっき膜厚；下限　　μm以上、上限下限　　～　　μm

　　$*_2$　めっきの種類；

　　$*_3$　めっきのタイプ；

　　めっき層（第4層）：めっき膜厚；下限　　μm以上、上限下限　　～　　μm

　　$*_2$　めっきの種類；

　　$*_3$　めっきのタイプ；

　　$*_4$　後処理の種類；　封孔処理などの後処理なし。純水洗浄・乾燥

　　$*_5$　機能特性及び使用環境；
　　　　　耐摩耗性、低接触抵抗用としての機能特性が必要で、受渡当事者間の協定に定める。
　　　　　使用環境は通常の屋内環境で、耐食性評価は受渡当事者間の協定に定める。

その他、注意事項；　当該めっき仕様は、仕様見直しがない限り有効とする。

〈めっき設計仕様書4〉

めっき設計仕様書

日付：Hxx年　x月　x日
承認：　図面　太郎　印
作成：　設計　次郎　印

名称(NAME)；　医療用電極

品番（ITEM NO.）；　C○○－○○‐1

図番(DRG.NO.)；　AX－△△‐1‐A

コード番号(CODE NO.；　yyzz－xxyy

最終めっき仕上げ；（外観・色調）　　　　（限度見本；　(有)　：　無　）
　　めっき有効面は無光沢外観で、色ムラ、ザラ、焦げ、ピット、割れ、膨れ、汚れ、きず等なきこと

JIS 規格表示記号；　　Ep－Ti$*_1$／Pt$*_2$2.0$*_3$／$*_4$：$*_5$

$*$印特記事項

　　　$*_1$　素材及び成形加工；Ti 材 TAP-3250C　プレル加工、表面粗さ Ra0.8

　　めっき層（第1層）：めっき膜厚；下限2.0μm以上、上限下限　　〜　　μm

　　　　$*_2$　めっきの種類；　　Pt めっき

　　　　$*_3$　めっきのタイプ；　ジニトロジアミン浴タイプ

　　めっき層（第2層）：めっき膜厚；下限　　μm、上限下限　　〜　　μm

　　　　$*_2$　めっきの種類；

　　　　$*_3$　めっきのタイプ；

　　めっき層（第3層）：めっき膜厚；下限　　μm以上、上限下限　　〜　　μm

　　　　$*_2$　めっきの種類；

　　　　$*_3$　めっきのタイプ；

　　めっき層（第4層）：めっき膜厚；下限　　μm以上、上限下限　　〜　　μm

　　　　$*_2$　めっきの種類；

　　　　$*_3$　めっきのタイプ；

　　　　$*_4$　後処理の種類；　封孔処理などの後処理なし。純水洗浄・乾燥

　　　　$*_5$　機能特性及び使用環境；
　　　　　　　医療用電極としての機能特性が必要で、受渡当事者間の協定に定める。
　　　　　　　使用環境、耐食性評価は受渡当事者間の協定に定める。
　　　　　　　密着性試験については、受渡当事者間の協定に定める。

その他、注意事項；　当該めっき仕様は、仕様見直しがない限り有効とする。

第4章　めっきを必要とする部品設計におけるめっき設計仕様書の作成法

〈めっき設計仕様書5〉

めっき設計仕様書	日付：Hxx年　x月　x日 承認：　図面　太郎　印 作成：　設計　次郎　印

名称(NAME)；　金属ボタン

品番（ITEM NO.）；　W○○－○○‐1

図番(DRG.NO.)；　W－△△‐1‐B

コード番号(CODE NO.)；　ABCD－xxyy

最終めっき仕上げ；（外観・色調）　　　　（限度見本；　有　：　無　）
　　めっき有効面は光沢外観で、色ムラ、ザラ、焦げ、ピット、割れ、膨れ、汚れ、きず等なきこと

JIS 規格表示記号；　Ep－Cu$*_1$／Sn-Cu$*_2$2.0$*_3$，Sn-Co$*_2$0.1$*_3$／$*_4$：$*_5$

＊印特記事項

　　　$*_1$　素材及び成形加工；黄銅材 C-2680 1／2 プレル加工、表面粗さ Ra0.2

　　めっき層（第1層）：めっき膜厚；下限 2.0μm 以上、上限下限　　～　　μm

　　　$*_2$　めっきの種類；　光沢 Sn‐Cu 合金めっき

　　　$*_3$　めっきのタイプ；　ピロリン酸浴、Sn60～70%Cu30～40%合金

　　めっき層（第2層）：めっき膜厚；下限 0.1μm、　上限下限　　～　　μm

　　　$*_2$　めっきの種類；　黒色 Sn‐Co 合金めっき

　　　$*_3$　めっきのタイプ；　ピロリン酸浴タイプ

　　めっき層（第3層）：めっき膜厚；下限　　μm 以上、上限下限　　～　　μm

　　　$*_2$　めっきの種類；

　　　$*_3$　めっきのタイプ；

　　めっき層（第4層）：めっき膜厚；下限　　μm 以上、上限下限　　～　　μm

　　　$*_2$　めっきの種類；

　　　$*_3$　めっきのタイプ；

　　　$*_4$　後処理の種類；　すべり処理あり。遠心脱水乾燥

　　　$*_5$　機能特性及び使用環境；
　　　　　　衣料用金属としての機能特性が必要で、受渡当事者間の協定に定める。
　　　　　　使用環境、耐食性評価、検針性能は受渡当事者間の協定に定める。
　　　　　　密着性試験については、受渡当事者間の協定に定める。

その他、注意事項；　当該めっき仕様は、仕様見直しがない限り有効とする。

第 **5** 章

各種めっき関連分野で定める表面処理仕様書への表示記号

ジュエリー及び貴金属製品の素材およびめっき仕様の表示方法

　これは一般社団法人日本ジュエリー協会がジュエリーおよび貴金属製品に用いる貴金属素材やめっき加工に関する表示方法を定めたもので、ISO、JIS、CIBJOの規格に適合する。その規定の中に「めっき表示」に関する事項が記載されているので抜粋しておく。

　ジュエリーおよび貴金属製品に用いる貴金属素材の上に表面色を変更または調整する目的でめっき加工を行った製品には、表5-1に示す記号で刻印しなければならないとしている。

　例えば、イエローゴールド（YG）色のAu750（18金素材）にロジウム（Rh）めっきをする場合のめっき表示記号は、Au750RHPあるいはK18RHPとなっている。

　また、イオンプレイティングの表示記号では、めっきのPをイオンプレイ

表5-1　要求品質項目の表示記号

めっき方式の種類		皮膜特性の比較	皮膜特性の比較
湿式めっき加工法	貴金属めっき	金めっき 銀めっき ロジウムめっき 白金めっき ルテニウムめっき	GP AGP RHP PTP RUP
	貴金属合金めっき	ホワイトゴールドめっき ピンクゴールドめっき 黒色ルテニウムめっき	WGP PGP BRUP
	卑金属めっき	クロムめっき 黒色クロムめっき 黒色ニッケルめっき	CRP BCRP BNIP
乾式めっき加工法	イオンプレイティング	金イオンプレイティング 銀イオンプレイティング チタンイオンプレイティング 窒化チタンイオンプレイティング	GIP AGIP TIIP TINIP
	その他の乾式加工	硬質コーティング 金色硬質コーティング カーボンコーティング 　　（ダイヤモンド ライク コーティング）	HG HGC DLC

ティングのIPに置き換えて、例えば、Ag835素材に銀イオンプレイティングでめっき処理する場合のめっき表示記号は、Ag835AGIPとなっている。

　これは製品への刻印表示であるが、めっきを含む製品加工方法を設計図面などに表示する場合は、JIS B 0122規格「加工方法記号」に定める表示を用いることとしている。

　めっき仕上げの製品にする場合、最終表面のめっきの種類を示しめっき仕上げ、めっき加工あるいはコーティングと表現するようにと定めている。

　例えば、ロジウムめっき製品の場合、ロジウムめっき仕上げ、ロジウムめっき加工とし、"ロジウム仕上げ""白金族のめっき""白金族仕上げ"という表示は不適切な表現としている。また、"プラチナめっき"または"白金族めっき"とすることは不当な表現としている。さらに金色めっき（真鍮めっきのような代用金）を金めっきと表現することも不当な表現としている。

　めっき厚みの表現については、表5-2に示すような目安が示されている。ただし、技術、価格などが関係し、数値上の定義は定められていない。

　例えば、ステンレス（SUS304）素材に下地ニッケルめっきを行い、2 μmの金めっきをする製品の場合は、次のような表示になる。……SUSNIP2 μmGP

　あるいはステンレス（SUS304）素材に下地ニッケルめっきを行い、3 μmの22金のめっきをする製品の場合は、次のような表現になる。……NIP3 μmK22GP

　これでは設計図面やパンフレット、説明文において、めっき加工業者など受渡当事者間での表示に対する理解あるいは売買当事者間での表示に対する理解は曖昧でトラブルのもとになるのではないかと思う。できるだけ設計図面あ

表5-2　めっき膜厚の表現例（金めっき、ロジウムめっきの場合）

めっき方層	表現	金めっきの目安	ロジウムめっきの目安
薄い	色付け、フラッシュ	0.1μm以下	0.05μm以下
中間	通常	0.1μm～1μm	0.05μm～0.4μm
厚い	厚いめっき、ミクロンめっき	1μm以下	0.4μm以上

いは「めっき設計仕様書」にはJIS H 0404規格に従った表示が適切ではないかと考えている。

例えば、EP-Au＊$_1$／Rh＊$_2$0.1＊$_3$

これをめっき設計仕様書に表記すると190ページのめっき設計仕様書6のようになる。

例えば、ステンレス（SUS304）素材に下地ニッケルめっきを行い、2μmの金めっきをする製品の場合は前述したSUSNIP2μmGPではなく、

EP-Fe＊$_1$／Ni＊$_2$＊$_3$、Au＊$_2$2＊$_3$／

これをめっき設計仕様書に表記すると191ページのめっき設計仕様書7のようになる。

ニッケルアレルギーあるいは有害物質等の表示でニッケル、カドミウムなどが含有されていない旨の表示において「安全」であるという表現は付記してはならないことにしている。

なぜならば、ニッケルを含め、金、パラジウム、プラチナなど多くの金属イオンは金属アレルギー発症の原因になり得るからである。

❷ 真空めっき加工におけるめっき仕様の表示方法

ドライプロセスの窒化チタンコーティング法について、JIS H 8690-2013規格に金属および非金属素地上に装飾用または工業用の目的で真空めっきを有効面に施す規定がある。設計図面に指示する場合およびめっき仕様を明確にする場合には、JIS B 0404規格に従って次のように表示するよう定めている。

例えば、ステンレス（SUS304）素材に膜厚0.5μm以上の装飾用ドライプロセス窒化チタン（窒素含有率50at％）コーティングをする表示の場合は、次のように表示する。

Dp-Fe＊$_1$／D-TiN（50）0.5

　　　　　　　└── D-TiN（50）は装飾用窒化チタン（窒素含有率50at％）を示す。

　　　└── ＊$_1$はステンレス（SUS304）素材を示す。

また、鉄素材上に炭化チタンコーティングを行い、さらに膜厚 $2\,\mu m$ 以上の工業用ドライプロセス窒化チタンコーティング（窒素含有率の指定なし）を行う場合、次のようになる。

Dp‐Fe／TiC、E‐TiN2.0
　　　　　　　└─ E‐TiNは工業用窒化チタン（窒素含有率指定なし）を示す。
　　　　　　　　─ TiCは下地用の炭化チタンコーティングで膜厚指定なしを示す。

　あるいは応用めっき加工技術として、黄銅素材（C2680）上に湿式の電解めっきで光沢ニッケルめっき膜厚 $10\,\mu m$ 施し、その上にイオンプレイティング法で装飾用の金色の窒化チタン（窒素含有率指定なし）$0.2\,\mu m$ を行う場合の表示は、次のようになる。

Dp‐Cu$*_1$／Ep‐Ni$*_2$10b$*_3$、D‐TiN$*_2$0.2$*_3$
　　　　　　　　　　　　└─ D‐TiNは装飾用窒化チタンを示す。
　　　　　　　　　　──── 湿式の電解光沢ニッケルめっきを示す。

　このめっき表示によるめっき設計仕様書は192ページのめっき設計仕様書8のように作成するとよい。

　また、例えば、Dp‐Fe$*_1$／D‐TiN（50）0.5のめっき仕様を設計図面に表示して皮膜特性を社外に公開してしまうのを防止する目的から、

Dp‐Fe$*_1$／D‐TiN$*_2$0.5のめっき仕様を設計図面に記載し、193ページのめっき設計仕様書9のような部外秘扱いのめっき設計仕様書を作成することが望ましい。

3 アルミニウムおよびアルミニウム合金の陽極酸化皮膜仕様の表示方法

　この陽極酸化処理に関する規格はJIS H 8601-2013（ISO 7599国際規格対応）に規定されているもの、およびJIS H 8602-2010に規定されている「アルミニウムおよびアルミニウム合金の陽極酸化塗装複合皮膜」並びにJIS H 8603-2013に規定されている「アルミニウムおよびアルミニウム合金の硬質陽極酸化皮膜」の種類から構成されている。

表5-3 アルミニウム合金材料の陽極酸化処理性の参考例（付属書Iより抜粋）

合金番号	陽極酸化処理の目的				合金番号	陽極酸化処理の目的			
	防食	染色	光輝	耐摩耗		防食	染色	光輝	耐摩耗
1080	A	A	A	A	AC1B	C	C	D	C
1070	A	A	A	A	AC2A	C	D	D	C
1050	A	A	A	A	AC3A	B	D	D	B
1100	A	A	A	A	AC4B	C	D	D	C
					AC4C	B	D	D	C
2011	C	C	D	C	AC5A	C	C	D	C
2014	C	C	D	C	AC7A	A	A	B	A
2017	C	C	D	C	AC8A	C	D	D	C
2024	C	C	D	C	AC9A	C	D	D	C
3003	A	B	C	A	ADC1	C	D	D	C
3004	A	B	C	A	ADC3	B	D	D	B
4043	B	B	D	B	ADC5	A	A	B	A
					ADC6	A	B	B	A
5005	A	A	B	A	ADC10	C	D	D	C
5052	A	A	B	A	ADC12	C	D	D	C
5056	A	A	C	A					
5083	A	A	C	A					
5N01	A	A	A	A					
6061	A	A	C	A					
6063	A	A	B	A					
6N01	A	A	C	A					
7075	B	B	C	B					
7N01	B	B	C	B					

備考：陽極酸化処理性A：優、B：良、C：可、D：困難

　陽極酸化処理性の良否はアルミニウム合金素材の種類に影響されるので、陽極酸化用アルミニウム材料の陽極酸化品質指針としてJIS H 8601付属書Iに表5-3に示す参考例が記載されている。

　陽極酸化皮膜の表示方法は、表5-4に示す皮膜の等級と表5-5に示す品質項目の記号を用いて示すことが望ましい。受渡当事者間の協定によって品質項目の記号を省略できると定められているが設計品質を明確にするためにも適切な表示による受発注が望ましい。

　例えば、アルミニウム素材A5052に皮膜厚さ等級AA15でキャス試験耐食性および耐摩耗性（砂落し摩耗試験）の皮膜を要求する場合の設計図面あるいはめっき設計仕様書同様の「表面処理仕様書」に表示する場合、JIS H 8601では

表5-4　皮膜厚さの等級と耐食性（キャス試験）評価および主な用途

皮膜厚さの等級	平均膜厚	主な用途例	耐食性（キャス試験例）
AA3	3μm以上	反射板、家電内部部品など	
AA5 AA6 AA10	5μm以上 6μm以上 10μm以上	台所用品、日用品、家電部品、 装飾品、家具部材、車輌内装、 建築部材（屋内）など	8時間，RN 9以上 16 時間，RN 9以上
AA15 AA20 AA25	15μm以上 20μm以上 25μm以上	台所用品、車輌外装、 土木・建築部材（屋外）、 船舶用品など	32 時間，RN 9以上 56 時間，RN 9以上 72 時間，RN 9以上

RN；レイティングナンバー

表5-5　要求品質項目の表示記号

品質項目	試験方法	表示記号
耐食性	アルカリ滴下試験 起電力式耐アルカリ試験 キャス試験 酢酸酸性塩水噴霧試験 中性塩水噴霧試験	K_S K_C L_C L_A L_N
耐摩耗性	砂落し摩耗試験 噴射摩耗試験 往復運動平面摩耗試験	WR_F $W_J(T)$ WR_W
封孔度	リン酸ークロム酸水溶液浸せき試験 塗装吸着試験 アドミッタンス測定試験	S_P S_D S_A
変形による耐ひび割れ性	変形によるひび割れに対する抵抗性試験	A_R
色の促進耐光性	光けいろう度試験 紫外線けいろう度試験	F_W F_U
鏡面光沢度	鏡面光沢度法	G_R
写像性	視感測定法 機器測定法	C_V C_I
絶縁耐力	絶縁耐力試験	I_C
連続性	連続性試験	C_S
皮膜質量	皮膜の単位面積当たりの質量測定試験	ρ_A

次のような表示になる。

AA - 15・L_C - WR_F

　これも望ましくはアルミニウム素材の影響も考慮して、めっき表示方法JIS H 0404に準じて194ページのめっき設計仕様書10のような表示とめっき設計仕様書同様の「陽極酸化処理仕様書」を作成するとよい。

AA - A $*_1$ / 15 $*_3$ / L_C - WR_F

〈めっき設計仕様書６〉

めっき設計仕様書

日付：Ｈｘｘ年　ｘ月　ｘ日
承認：図面　太郎　印
作成：設計　次郎　印

名称(NAME)；　　ジュエリー

品番（ITEM NO.）；　J○○－○○‐1

図番(DRG.NO.)；　J－△△‐1‐B

コード番号(CODE NO.)；　JBCD－ｘｘｙｙ

最終めっき仕上げ；（外観・色調）　　　　（限度見本；　(有)　：　無　）
　　めっき面は光沢外観で、色ムラ、ザラ、焦げ、ピット、割れ、膨れ、汚れ、きず等なきこと

JIS 規格表示記号；　Ep－Au$*_1$／Rh$*_2$0.1$*_3$

＊印特記事項
　　$*_1$　素材は Au750（K18）、表面粗さ Ra0.08

　めっき層（第１層）：めっき膜厚；下限　　　μm 以上、上限下限 0.05～0.1　　　μm
　　　$*_2$　めっきの種類；　　光沢 Rh めっき
　　　$*_3$　めっきのタイプ；　硫酸酸性浴

　めっき層（第２層）：めっき膜厚；下限　　　μm 以上、上限下限　　　～　　　μm
　　　$*_2$　めっきの種類；
　　　$*_3$　めっきのタイプ；

　めっき層（第３層）：めっき膜厚；下限　　　μm 以上、上限下限　　　～　　　μm
　　　$*_2$　めっきの種類；
　　　$*_3$　めっきのタイプ；

　めっき層（第４層）：めっき膜厚；下限　　　μm 以上、上限下限　　　～　　　μm
　　　$*_2$　めっきの種類；
　　　$*_3$　めっきのタイプ；

　　　$*_4$　後処理の種類；　純水仕上げ乾燥

　　　$*_5$　機能特性及び使用環境；
　　　　　　色調、外観については、受渡当事者間の協定に定める。

　　　　　　密着性試験については、受渡当事者間の協定に定める。

その他、注意事項；　当該めっき仕様は、仕様見直しがない限り有効とする。

第5章　各種めっき関連分野で定める表面処理仕様書への表示記号

〈めっき設計仕様書7〉

めっき設計仕様書

日付：Hxx年　x月　x日
承認：　図面　太郎　印
作成：　設計　次郎　印

名称(NAME)；　ジュエリー

品番（ITEM NO.）；　J○○—○○◎‑1

図番(DRG.NO.)；　J−◎◎‑1‑C

コード番号(CODE NO.；　JBCD−AAAA

最終めっき仕上げ；（外観・色調）　　　　　（限度見本；　(有)　：　無　）
　めっき面は光沢外観で、色ムラ、ザラ、焦げ、ピット、割れ、膨れ、汚れ、きず等なきこと

JIS 規格表示記号；　Ep−Fe$*_1$／Ni$*_2*_3$、Au2.0$*_2*_3$／

$*$印特記事項

　　$*_1$　素材は SUS304、表面粗さ Ra0.08

　めっき層（第1層）：めっき膜厚；下限　　　μm 以上、上限下限　　〜　　μm
　　$*_2$　めっきの種類；　Ni 薄付けめっき
　　$*_3$　めっきのタイプ；　高塩化ニッケルストライク浴

　めっき層（第2層）：めっき膜厚；下限　2.0μm 以上、上限下限　　〜　　μm
　　$*_2$　めっきの種類；　弱酸性 Au 合金めっき
　　$*_3$　めっきのタイプ；　Au99.7〜99.9%‑Co 合金組成、硬度160〜210Hv

　めっき層（第3層）：めっき膜厚；下限　　　μm 以上、上限下限　　〜　　μm
　　$*_2$　めっきの種類；
　　$*_3$　めっきのタイプ；

　めっき層（第4層）：めっき膜厚；下限　　　μm 以上、上限下限　　〜　　μm
　　$*_2$　めっきの種類；
　　$*_3$　めっきのタイプ；

　　$*_4$　後処理の種類；　純水仕上げ乾燥

　　$*_5$　機能特性及び使用環境；
　　　　　色調、外観については、受渡当事者間の協定に定める。

　　　　　密着性試験については、受渡当事者間の協定に定める。

その他、注意事項；　当該めっき仕様は、仕様見直しがない限り有効とする。

〈めっき設計仕様書8〉

めっき設計仕様書

| 日付：Hxx年　x月　x日 |
| 承認：　図面　太郎　印 |
| 作成：　設計　次郎　印 |

名称(NAME)；　　装飾用パネル

品番（ITEM NO.）；　S○○－○◎‐1

図番(DRG.NO.)；　S－××‐1‐A

コード番号(CODE NO.；　SS－AABB

最終めっき仕上げ；（外観・色調）　　　　　（限度見本；　(有)　：　無　）
　　　めっき面は光沢外観で、色ムラ、ザラ、焦げ、ピット、割れ、膨れ、汚れ、きず等なきこと

JIS 規格表示記号；　　Dp－Cu$*_1$／Ep－Ni$*_2$10b$*_3$、D－TiN$*_2$0.2$*_3$／

*印特記事項
- $*_1$　素材は黄銅材 C2680、表面粗さ Ra1.0

めっき層（第1層）：めっき膜厚；下限　10μm 以上、上限下限　　～　　μm
- $*_2$　めっきの種類；　光沢 Ni めっき
- $*_3$　めっきのタイプ；　ワット浴光沢ニッケル

めっき層（第2層）：めっき膜厚；下限　0.2μm 程度、上限下限　　～　　μm
- $*_2$　めっきの種類；　装飾用窒化チタン（窒素含有率指定なし）
- $*_3$　めっきのタイプ；　イオンプレイティング

めっき層（第3層）：めっき膜厚；下限　　μm 以上、上限下限　　～　　μm
- $*_2$　めっきの種類；
- $*_3$　めっきのタイプ；

めっき層（第4層）：めっき膜厚；下限　　μm 以上、上限下限　　～　　μm
- $*_2$　めっきの種類；
- $*_3$　めっきのタイプ；

- $*_4$　後処理の種類；　純水仕上げ乾燥

- $*_5$　機能特性及び使用環境；
　　　　色調、外観については、受渡当事者間の協定に定める。

　　　　密着性試験については、受渡当事者間の協定に定める。

その他、注意事項；　当該めっき仕様は、仕様見直しがない限り有効とする。

第5章 各種めっき関連分野で定める表面処理仕様書への表示記号

〈めっき設計仕様書9〉

めっき設計仕様書

日付：H x x 年　x 月　x 日
承認：　図面　太郎　　印
作成：　設計　次郎　　印

名称(NAME);　装飾用パネル

品番（ITEM NO.）；　S○○―◎‐2

図番(DRG.NO.);　S―××‐2‐B

コード番号(CODE NO.;　SS―AACC

最終めっき仕上げ；(外観・色調)　　　　　(限度見本；(有)　：　無　)
めっき面は光沢外観で、色ムラ、ザラ、焦げ、ピット、割れ、膨れ、汚れ、きず等なきこと

JIS規格表示記号；　$Dp-Fe*_1/D-TiN*_2 0.5$

＊印特記事項

　　＊$_1$　素材はステンレス材 SUS304、表面粗さ Ra1.0

　　めっき層（第1層）：めっき膜厚；下限　0.5μm 以上、上限下限　　～　　μm

　　＊$_2$　めっきの種類；　装飾用窒化チタン

　　＊$_3$　めっきのタイプ；　窒素含有率 50at%のタイプ

　　めっき層（第2層）：めっき膜厚；下限　　μm 程度、上限下限　　～　　μm

　　＊$_2$　めっきの種類；

　　＊$_3$　めっきのタイプ；

　　めっき層（第3層）：めっき膜厚；下限　　μm 以上、上限下限　　～　　μm

　　＊$_2$　めっきの種類；

　　＊$_3$　めっきのタイプ；

　　めっき層（第4層）：めっき膜厚；下限　　μm 以上、上限下限　　～　　μm

　　＊$_2$　めっきの種類；

　　＊$_3$　めっきのタイプ；

　　＊$_4$　後処理の種類；

　　＊$_5$　機能特性及び使用環境；
　　　　　色調、外観については、受渡当事者間の協定に定める。

　　　　　密着性試験については、受渡当事者間の協定に定める。

その他、注意事項；　当該めっき仕様は、仕様見直しがない限り有効とする。

〈めっき設計仕様書10〉

陽極酸化処理仕様書

日付：	年	月	日
承認：			印
作成：			印

名称(NAME);

品番（ITEM NO.）;

図番(DRG.NO.);

コード番号(CODE NO.;

陽極酸化処理仕上げ；(外観・色調)　　　　（限度見本；　(有)　：　無　）
　　　　　有効面にきず、むら、粉ふきなど用途上有害な欠陥がないこと

JIS規格表示記号；　　　AA‐A$*_1$/15$*_3$/L$_C$－WR$_F$

*印特記事項
　　*$_1$　素材及び成形加工；アルミニウムＡ５０５２
　　　陽極酸化層（第1層）：　膜厚；　下限１５μｍ以上、上限下限　　～　　μｍ
　　　　*$_2$　陽極酸化の種類；
　　　　*$_3$　陽極酸化処理のタイプ；　硫酸浴
　　　陽極酸化層（第2層）：膜厚；　　下限　　μｍ以上、上限下限　　～　　μｍ
　　　　*$_2$　陽極酸化の種類；
　　　　*$_3$　陽極酸化処理のタイプ；
　　　陽極酸化層（第3層）：膜厚；　　下限　　μｍ以上、上限下限　　～　　μｍ
　　　　*$_2$　陽極酸化の種類；
　　　　*$_3$　陽極酸化処理のタイプ；
　　　陽極酸化層（第4層）：膜厚；　　下限　　μｍ以上、上限下限　　～　　μｍ
　　　　*$_2$　陽極酸化の種類；
　　　　*$_3$　陽極酸化処理のタイプ；
　　　　*$_4$　後処理の種類；　耐食性および耐摩耗性に耐える後処理で指定なし
　　　　*$_5$　機能特性及び使用環境；　L$_C$；キャス試験による耐食性確保
　　　　　　　　　　　　　　　　　　　WR$_F$；砂落し試験による耐摩耗性に合格
　　　　その他、受渡当事者間の協定に定める。

その他、注意事項；
　　　　　当該めっき仕様は、仕様見直しがない限り有効とする。

おわりに

ISO - 9001(2015年版)がスタートし、新たな品質管理の"もの作り"つまり図-1に示すように、出来ばえの機能品質、製造工程における製造品質、構想設計における設計品質、全てにおいて、不良モード（FM）に対し再発防止、未然防止を行うための要因解析など影響解析（EA）を徹底して行ない、品質を安定化させると共にその中からデザイン・ドリブン・イノベーション（DDI）を展開していくという時代がくる。

めっきを必要とする精密部品の機能特性（機能品質）は、第2章で述べたようにめっき皮膜の種類が単一金属なのか、ある組成比の合金なのかによって影響される。従って、"めっき設計仕様書"に示したように、$*_2$を付けて特記事項としてめっき皮膜の種類を明示することは要求する機能特性を最適化するためのも必須条件になる。また、めっき浴タイプはこれら必要とするめっき皮膜

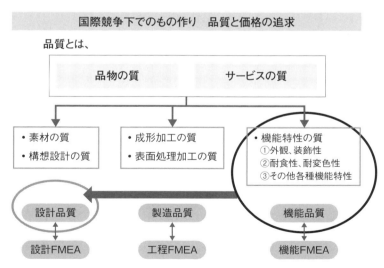

▶FMEAとはFailuer Mode and Efect Analysis（不良モード影響解析）

図-1　ISO9001（2015年版）FMEAの展開

を安定的に得るために、やはり明示する必要性があり、$*_3$として特記することは必須条件となる。

めっき皮膜を単層で仕上げるか、多層で仕上げるかは、品質面、コスト面、耐久性の面などから十分検討し"めっき設計仕様書"に明記することは重要な意味がある。

後処理としては、めっき表面に防錆皮膜を形成する犠牲型防食めっきタイプの場合、あるいはバリア型耐食めっきの組合せの場合の封孔処理による防錆効果および潤滑性の付与などがあげられる。さらにめっき後の熱処理による原子熱拡散法を利用した機能特性の創出などが必要であれば、"めっき設計仕様書"に$*_4$として特記する必要がある。

最後に求める機能特性と使用環境をできるだけ明確にすることは、無駄なめっき仕様を除くと共に、もし、機能特性および使用環境がミスマッチであれば機能品質に対するFMEA、つまり不良モードの影響解析をして改善する基準となる。そのためにも$*_5$としてできるだけ明記しておくことは重要になる。

これらのことを明記しためっき仕様の表示を部品設計図面に記載することは、余白の点から無理であることと部品設計図面が部外に流出しても"めっき設計仕様書"を部外秘扱いとしてノウハウを保護することにより機能品質で優位に立つことができる。

めっきを必要とする部品設計図面には、次の事項を表示することが必要かつ重要なことになる。

① 有効面、非有効面を識別し、有効面を表示すること
② 表面調整の有無を表示し、必要な場合は表面調整方法と削り代を表示すること。
③ 有効面の表面粗さを表示すること。
④ めっき膜厚測定位置を表示すること。
⑤ 材質の表示および2次成形加工方法を表示すること。

以上の項目が記載された部品設計図面とめっき設計仕様書の組合せが付加価値をより高く求めるめっきを必要とする部品の設計品質確保において必要になってくる。

例えば、工業用金および金合金めっきにおいて、JIS-8620に記載の耐食性試験として規定されている二酸化硫黄ガス試験法や硫化水素ガス試験法および混合ガス試験法あるいは付属書1に規定されている有孔度（ピンホール）を評価する硝酸ばっ気試験法は、金めっき部品の機能特性、特に有孔度や耐食性を評価する試験として行なわれているが、電気製品の部品や電子機器用スイッチなど、特に接触部および接続部を屋内環境で作動または保管するときの腐食の影響を評価するためのJIS規格JIS-C-60068-2-60（IEC60068-2-60）「電気電子部品混合ガス流腐食試験」というのがある。

この試験は耐食性を踏まえた材料の選定、製造工程および部品設計の選択を見直すものであるとしている。つまり機能品質が用途上適切なのかどうか、どの程度の耐食性を必要とするのかを規格化された試験方法で評価し、もし機能品質に不良モード（FM）がある場合にはその影響解析（EA）を行い、機能FMEAから部品設計段階でのめっき仕様を見直し、設計FMEAに反映させ設計品質を向上させる取り組みが必要である。参考までに事例を示す。

図-2に示す事例は、めっき仕様がEP-Cu*₁／Ni2〜5b、Au0.2〜0.5／封孔

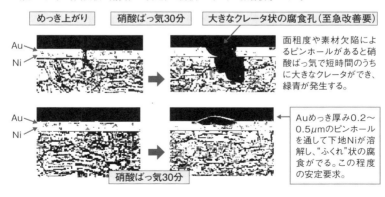

図-2　銅合金素材上のNi 2〜5μm・Au 0.2〜0.5μmめっき微細部品の試験事例

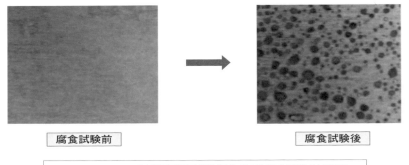

図-3 JIS-C-60068-2-60による混合ガス流腐食試験の結果

処理あり、というものである。JIS-C-60068-2-60による混合ガス流腐食試験10日間行なったときの試験結果を図-3に示す。

　これらの結果から電気製品の部品や電子機器用スイッチなど、特に接触部および接続部について、屋内環境で作動または保管するときの耐食性を高めるためには、次のような改善が考えられる。例えば、Auめっき膜厚を2μm程度にしてバリアを強化する対策がある。これではコスト的にかなり高価になってしまう。それに対してNiめっきの種類を硫黄含有の光沢ニッケルめっきから硫黄非含有の半光沢ニッケルめっきタイプに変更し、バリア層にすず合金めっき＋パラジウム（Pd）めっきなど多層化し、その上にAuめっき0.2〜0.5μmを施すめっき設計仕様書にするか、または光沢ニッケルめっきの代替に高リンタイプの無電解Ni-P合金めっきを2〜5μm施しAuめっき0.2〜0.5μmの組合せによる耐食性向上策も効果的で、次のようなめっき設計仕様書を部品設計図面に添付し、設計品質および機能品質の向上を図る改善策を進めてもらいたい。

　以上のごとく、めっき加工を必要とする部品設計において設計者のために、あるいはめっき加工に携わる方々に本書が少しでも役立つことを期待して筆を置くことにする。

おわりに

めっき設計仕様書

| 日付：Hxx年 x月 x日 |
| 承認： 図面 太郎 印 |
| 作成： 設計 次郎 印 |

名称(NAME)； 電子機器用スイッチ接触部品

品番（ITEM NO.）； A○○○-1

図番(DRG.NO.)； ABC-△△△△-A

コード番号(CODE NO.； zzzz-yyyy

最終めっき仕上げ；（外観・色調）　　　（限度見本； 有 ： 無 ）
めっき有効面は光沢外観で、色ムラ、ザラ、焦げ、ピット、割れ、膨れ、汚れ、きず等なきこと

JIS 規格表示記号；Ep－Cu$*_1$／Elp-Ni$*_2$5.0$*_3$，Au$*_2$0.2〜0.5$*_3$／$*_4$：D$*_5$

＊印特記事項

　$*_1$　素材及び成形加工；黄銅材 C-2680・1/2　プレス加工、表面粗さ R$_a$0.4

　めっき層（第1層）：めっき膜厚；下限 5.0μm以上、上限下限　　〜　　μm

　　$*_2$　めっきの種類；　Ni-P 合金めっき

　　$*_3$　めっきのタイプ；　無電解 Ni-P（12〜13%）の高りんタイプ

　めっき層（第2層）：めっき膜厚；下限　　μm以上、上限下限　0.2〜0.5μm

　　$*_2$　めっきの種類；　弱酸性 Au 合金めっき

　　$*_3$　めっきのタイプ；　Au99.7〜99.9%-Co 合金組成、硬度 160〜210Hv

　めっき層（第3層）：めっき膜厚；下限　　μm以上、上限下限　　〜　　μm

　　$*_2$　めっきの種類；

　　$*_3$　めっきのタイプ；

　めっき層（第4層）：めっき膜厚；下限　　μm以上、上限下限　　〜　　μm

　　$*_2$　めっきの種類；

　　$*_3$　めっきのタイプ；

　　$*_4$　後処理の種類；　封孔処理あり、指定なし。純水洗浄・乾燥

　　$*_5$　機能特性及び使用環境；
　　　　　接点としての機能特性が必要で、受渡当事者間の協定に定める。
　　　　　使用環境は通常の屋内環境で、耐食性評価は JIS-C-60068-2-60
　　　　　に定める。有孔度試験は JIS H 8620 付属書1に従う。
　　　　　密着性試験については、受渡当事者間の協定に定める。

その他、注意事項；　当該めっき仕様は、仕様見直しがない限り有効とする。

―――― 著者紹介 ――――

星野　芳明（ほしの　よしあき）

1944年	東京都に生まれる
1971年	横浜国立大学工学部応用化学科卒業
1978年	株式会社キザイ（旧社名日本化学機材株式会社）退社 （1966年入社以来めっき技術、排水処理技術の研究開発及び現場導入指導を担当）
1979年	環境計量士（1977年登録）作業環境測定士（1979年登録）により、環境計量、環境改善の技術指導に取り組む
1987年	技術士登録により、星野技術士事務所開設し、現在に至る
1991年	労働安全コンサルタント登録により、生産設備機械安全対策に取り組む
現　在	株式会社ハイテクノ技術スタッフ・上級表面処理講座講師 東京都鍍金工業組合高等職業訓練学校　電気めっき科講師 日本技術士会、埼玉技術士会所属 社団法人表面技術協会会員

設計者のためのめっき設計仕様書の書き方　NDC566.78

2017年3月30日　初版1刷発行　　（定価はカバーに表示してあります）

Ⓒ　著　者　　星野　芳明
　　発行者　　井水　治博
　　発行所　　日刊工業新聞社
　　　　　　　〒103-8548　東京都中央区日本橋小網町14-1
　　電　話　　書籍編集部　03（5644）7490
　　　　　　　販売・管理部　03（5644）7410
　　ＦＡＸ　　03（5644）7400
　　振替口座　00190-2-186076
　　ＵＲＬ　　http://pub.nikkan.co.jp/
　　e-mail　　info@media.nikkan.co.jp
　　印刷・製本　新日本印刷㈱

落丁・乱丁本はお取り替えいたします。　　2017 Printed in Japan
ISBN 978-4-526-07681-7
本書の無断複写は、著作権法上の例外を除き、禁じられています。